JN144492

大間原発と日本の未来

野村保子

寿郎社

もくじ

第4章 大間町で反対する人々——市民グループと漁師たちの闘い 78

第5章　対岸のまち函館の反対運動——〈ストップ大間原発道南の会〉ができるまで　93

第6章　裁判にいたる道　119

第7章 フルMOX原発の危険性

第11章　函館の反原発運動の広がり　212

第12章　大間原発の未来の姿　230

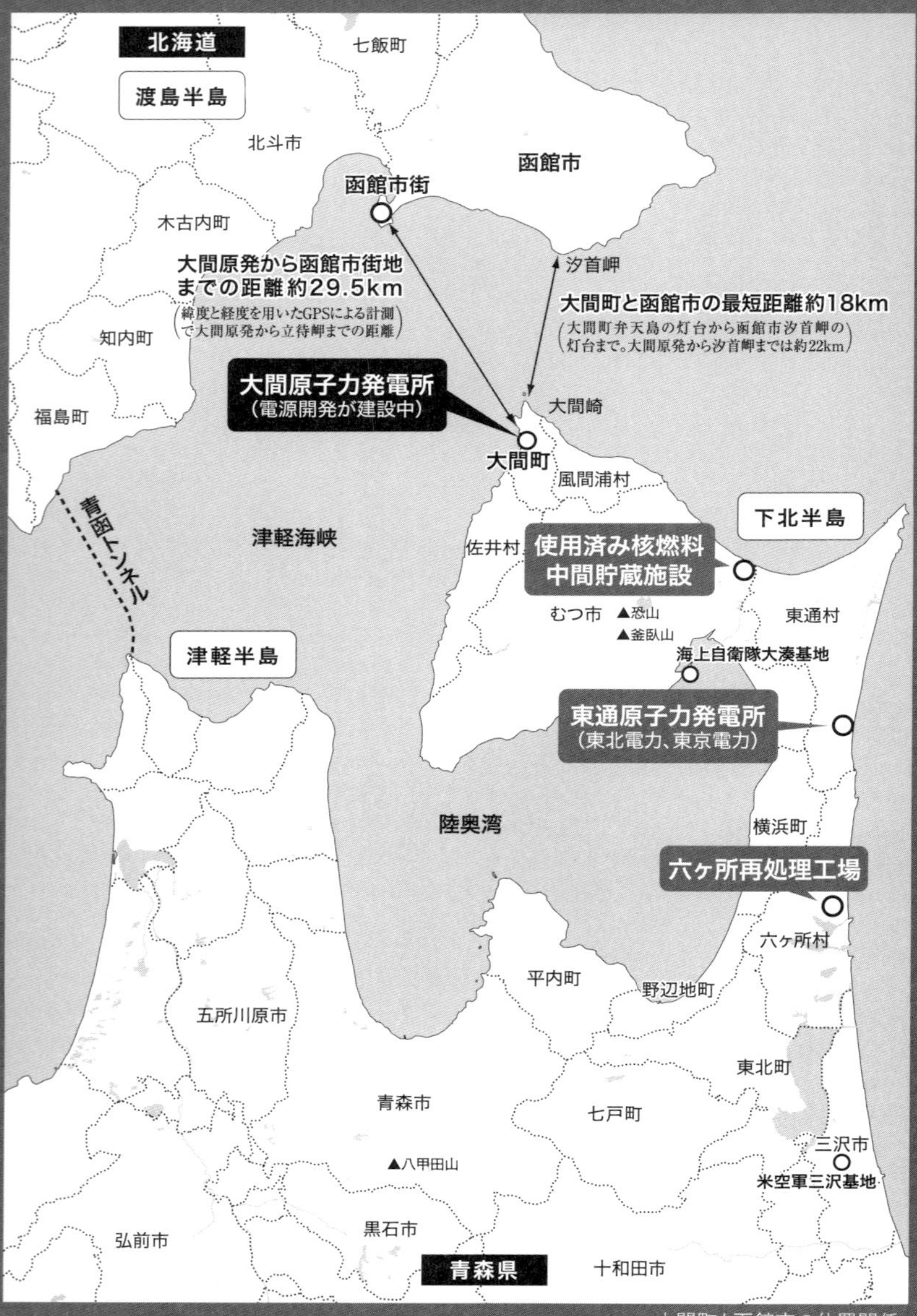

大間町と函館市の位置関係

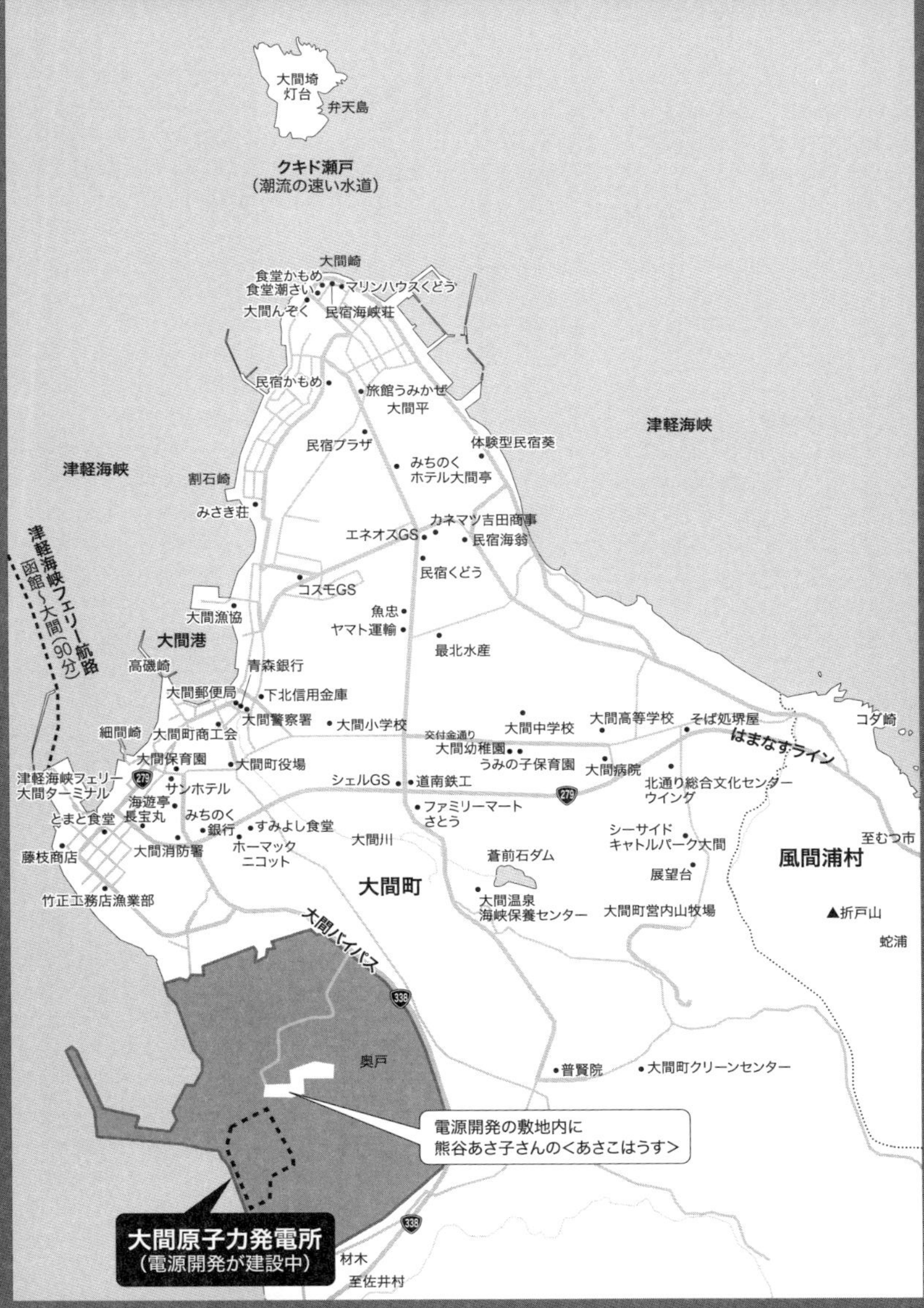

大間埼
灯台
弁天島
クキド瀬戸
（潮流の速い水道）
大間崎
食堂かもめ
食堂潮さい
マリンハウスくどう
大間んぞく
民宿海峡荘
民宿かもめ
旅館うみかぜ
大間平
津軽海峡
民宿プラザ
体験型民宿葵
津軽海峡
みちのく
ホテル大間亭
割石崎
みさき荘
カネマツ吉田商事
エネオスGS
民宿海翁
民宿くどう
津軽海峡フェリー航路
函館～大間（90分）
コスモGS
大間漁協
魚忠
ヤマト運輸
大間港
最北水産
高磯崎
青森銀行
大間郵便局
下北信用金庫
大間警察署
大間小学校
大間中学校
大間高等学校
そば処堺屋
コダ崎
細間崎
大間町商工会
交付金通り
大間幼稚園
はまなすライン
大間保育園
大間町役場
うみの子保育園
大間病院
津軽海峡フェリー
大間ターミナル
サンホテル
シェルGS
道南鉄工
北通り総合文化センター
ウイング
海遊亭
長宝丸
ファミリーマート
さとう
とまと食堂
みちのく
銀行
すみよし食堂
大間川
シーサイド
キャトルパーク大間
至むつ市
藤枝商店
大間消防署
ホーマック
ニコット
蒼前石ダム
風間浦村
展望台
大間町
竹正工務店漁業部
大間温泉
海峡保養センター
大間町営内山牧場
折戸山
大間バイパス
蛇浦
奥戸
普賢院
大間町クリーンセンター
電源開発の敷地内に
熊谷あさ子さんの<あさこはうす>
大間原子力発電所
（電源開発が建設中）
材木
至佐井村

大間町地図

序章

豊かな海にあらわれた〈怪物〉

私の住む北海道函館市からは津軽海峡をはさんで下北半島にある本州最北端のまち青森県大間町（おおままち）がよく見える。直線距離にして約二三キロ。もっとも近い大間崎から函館市戸井の汐首岬（しおくびみさき）まではわずか一七・五キロの距離である。

函館―大間間は〈津軽海峡フェリー〉の連絡船〈大函丸（だいかんまる）〉（定員四七八人）が一日四便（二往復）運航している（二〇一五年二月現在）。乗船時間は一時間三〇分。料金は車両なしで大人ひとり一八一〇〜二六〇〇円（時期によって変動。子どもはその半額）。このフェリーを日常的に使っているのは函館市民よりも大間町民のほうが多く、おもに函館への通院・買い物などに利用されている。わずかな時間だが天気のよい日は気持ちのいい船旅気分が味わえる。

北海道と本州をへだてる津軽海峡は日本海と太平洋をつなぐ国際海峡で、外国船が行き来する公海である。巨大なタンカーや貨物船、ときには海中を国内外の潜水艦が通る。また、北からの親潮と南からの黒潮が混じり合うこの海峡は様々な魚が集まる好漁場でもある。東京築地で人気の大間マグロやそれと張り合う戸井マグロはこの海で獲れた同じクロマグロだ。函館のシンボルであるイカをはじめソイ・カレイ・ホタテ・カキ・コンブなどほかにもたくさんの魚介類が水揚げされる。

大間町最北端の大間崎から津軽海峡を見ると海の割れ目がわかる。灯台のある弁天島を正面に見て右側が〈黒潮〉、左側が〈親潮〉である。二つの海は天気にもよるがまったく違う表情を見せる。片方が三角の波頭をたてているのに片方は穏やかに凪(な)いでいることもある。豊かな海の象徴的な風景である。

海沿いの道から海に続く白い砂浜は地元で〈白砂海岸〉と呼ばれる。祭りのとき大間町ではその白砂を神輿の前に清めるようにまくという。日本ではめずらしいこの白砂の海岸は大間町民の自慢であった。大間の自然を守るために三〇年以上電源開発と闘い続けた地権者・熊谷あさ子さんはかつて「白い砂浜はそりゃきれいで、あの砂浜と海を守らなきゃならない」と私に話してくれたことがある。

それから二〇年以上が過ぎ、輝くような白砂海岸は今はもう見えない。強い意志のひと熊谷あさ子さんも、もういない。大間フェリーターミナルから大間町奥戸(おこっぺ)地区の原発建設地に向かう道路は通行止めになり、白砂の美しい海岸はフェンスに囲まれた大間原発の敷地の一部になって建設資材搬入のための港ができている。通行止めのフェンスの先に見えるのは建設途中にある巨大な原発の異様である。

✣

二〇一一年三月一一日、東日本大震災によって引き起こされた〈福島第一原発事故〉は原発を取りまく日本と世界の状況を大きく変えた。しかし日本における報道では、事故の原因や被害状況などの正しい情報が国民に伝えられず、マスコミはむしろ原発の本質的な問題の数々を覆い隠すことに終始した。そして事故から九カ月後の二〇一一年一二月、当時の野田佳彦首相は早々に福島第一原発事故の「収束」を宣言をした。しかし実際には、原発事故は終わるどころか、事故直後よりさらに厳しい暮らしを地域の人々に強いることになっている。福島県の面積の六割を超えるといわれる地域が医療機関などで厳重に管理される〈放射線管理区域〉と同等かそれ以上の放射線量に今も晒されているのである。そこで暮らす子どもたちの健康がなにより心配である。

福島ばかりではない。メルトダウンした原子炉から放出される放射性物質は風にのってほかの地域へも降り注ぐ。また、汚染された大量の地下水は容赦なく豊かな海へ注ぎ込む。福島第一原発事故の放射能汚染は日本全土、いや世界にまでに広がり続けている。

目に見えず、においもせず、触れることもできない放射能――。その怖しさに直面して多くの人々が原発に「ノー」を言い続けている。毎週金曜日、東京では総理官邸前に、大阪では関西電力本社前に、札幌では北海道庁前に人が集い、原発反対を訴えている。函館でも函館市役所前などで市民が集まり、行灯を持って、ギターを弾いて、対岸に建ちつつある〈大間原発〉に「ノー」を言い続けている。一九八六年頃から子どもをもつ一人の母親として函館で原発反対運動に関わってきた私も、もちろん声をあげる。

日本の原発は一三カ月に一度、原子炉を停止して定期点検を受けなければならない。その定期点検がこの国の原発を次々と止めて、〈三・一一〉後の二〇一二年五月五日、北海道の〈泊原発〉の停止をもって日本の原発はすべて止まった。この日から日本では四六年ぶりに原発のつくる電気がない

「時」が始まり、私を含む国民の多くはこれで何かが変わると期待した。しかし国は夏の電力不足を理由に二〇一二年七月二日、福井県〈大飯原発〉の再稼働を強行し、国民の期待は裏切られた。

総理官邸前デモ（金曜行動）は二〇一二年四月から始まった。最初は三〇〇人ほどで行なわれたが、大飯原発再稼働直前の六月二九日には約二〇万人が集まった。乳母車を押した女性やスーツ姿の男性など様々な年齢・職業の人々が官邸前を埋め「再稼働反対」を訴えた。しかし多くの国民の声も〈原発事故収束宣言〉を行なった野田首相にはただの「音」にしか聞こえなかった。

その後国や電力会社はさらなる原発の再稼働を狙ったが、原発に反対する国民はそれを許さなかった。そして二〇一三年九月、日本で一基だけ稼働していた〈大飯原発〉が定期点検でふたたび止まり、二〇一五年二月現在、日本で原発は稼働していない。

この一度目と二度目の全原発停止中、国民・企業・自治体の多くが節電に協力したこともあって日本では電力不足に陥ることはなく日々の暮らしに支障はなかった。日本の電気は原発がなくても十分に足りていることは、これまで幾人もの経済学者や原子力の専門家が数字を示して証明しているが、この二度にわたる全原発停止で実証されたといえる。しかしそれでも国と電力会社は、〈電力需給予報〉によってさらなる節電を強要し、停電の恐怖を煽り、ほかの発電ではコスト高であるとして電気料金の値上げを行なっている。八月の年間電力使用量のピークを過ぎてみれば停電どころか電気が余っていたことが明らかになっているにもかかわらず、それを認めようとしない電力会社は「まだまだ電気が必要」と言いながら今後の原発再稼働を日本各地で画策しているのである。

✣

現在、青森県下北半島の大間町に建設中の〈大間原子力発電所〉は当初、二〇一四年一一月の運転開始をめざしていた(二〇〇八年一一月発表)。しかし二〇一一年三月一一日の東日本大震災による停電や道路寸断などのため、資材の納入ができずに三七・六パーセントの工事進捗率で工事中止となった。そして運転時期は「未定」となり(二〇一二年三月発表)、二〇一二年九月まで工事は止まったままだった。ところが一〇月一日に建設主体である電源開発株式会社とそれを監督する国(経産省)は建設工事を強引に再開し、今にいたっている。

世界でも類を見ない危険なプルトニウムを原料とするMOX(モックス)燃料を一〇〇パーセント用いる〈大間原発〉は、技術的にも非常に難しい未知の原発である。それが活断層のある海岸線に建ちつつある。大間原発はあらゆる意味で〈世界一危険な原発〉と言っていい。にもかかわらず大間原発建設計画は、一九七六年(昭和五一年)以来、原発でプルトニウムを消化するという国の〈核プロジェクト〉と長年の〈エネルギー政策〉が絡み合い、その時々の思惑によって計画を変更しつつ強引に推し進められてきた。

〈三・一一〉をへた今も、どうしてそれが許されるのか。なぜそのような危険な原発計画を私たちは止めることができないのか。現在日本に建つ原発は五四基である。しかし日本の原発建設計画はそれ以上にあった。計画された原発のすべてが建っているわけではない。原発建設計画が策定されながらも二〇年以上にわたって反対運動が続けられそれに飲み込まれなかった紀伊半島のような地域もある。

建設途中の大間原発という〈怪物〉を前にして、私はいま深い絶望のふちにいるが、この、原発という〈怪物〉が飲み込もうとして飲み込めなかったところと、飲み込まれてしまった（原発が建とうとしている）大間町との違いはいったい何なのか。その答えを知りたいと強く思った。それが本書執筆の動機である。

大間原発という〈怪物〉を食い止めるためにこれまで多くの人々が闘ってきた。計画が明らかになり〈原子力船むつの放射能漏えい事故〉が起こった七〇年代から〈チェルノブイリ原発事故〉の起こった八〇年代、反対運動が盛り上がった九〇年代、〈裁判闘争〉が始まる二〇〇〇年代、そして〈三・一一〉の起こった二〇一一年をへて今日にいたるまで。

しかし過疎のまちに棲みつき、〈資本〉と〈権力〉という圧倒的な力をもった〈怪物〉は、日本各地で原発に反対する住民運動と対峙してきたことから狡猾な知恵も身につけていた。そしてより巧妙な手口を使って普通に暮らしたいと願うまちの人々を追いつめていった。原発に反対する地元住民もその支援者たちも〈怪物〉にとっては足元で騒ぐ〈小さな生き物〉にすぎなかった。

この本はそんな〈小さな生き物〉の一人である函館のライターが〈怪物〉の正体に迫ろうとしたルポルタージュであり、同時に、大間原発と闘ってきた人々と大間町という過疎のまちの変遷の記録でもある。〈怪物〉の正体とはいったい何か。〈怪物〉に追いつめられたとき〈小さな生き物〉はどうすればよかったのか。地元住民ではない人々はどのように〈怪物〉に対抗できたのか――。

大間町のたどった道は、そのまま日本の戦後の歩みであり、そのことを検証することは日本の未来を考えることになるだろう。

大間原発と日本の未来

第1章 大間町訪問——二〇一二年八月

一時間三〇分の船旅

二〇一二年（平成二四年）八月一七日。快晴の夏日に函館から大間行きのフェリーに乗り込んだのは総勢二八人。「ピースサイクル道南ネット」と「大間原発訴訟の会」という二つの市民グループ主催の日帰りツアーである。何度も大間町を訪れている人もいれば、初めて訪問するという人もいる。函館港から大間港に船で渡り、大間町役場と電源開発株式会社（以下「電源開発」）の現地事務所に行って原発工事の中止を要請する旅である。

ピースサイクル道南ネットにとっては今回の旅も「ピースサイクル」の一環である。ピースサイクルというのは平和と反核を訴えて自転車で核関連施設を訪問し建設反対・稼働中止を訴える活動だ。一九九〇年から始まった。かつては北海道長万部町（おしゃまんべちょう）から青森県六ヶ所村（ろっかしょ）まで三〇〇キロの距離を走ったこともある。しかし近年は距離を短くして大間町から六ヶ所村までを自転車で走り、「大間原発建設反対」「むつ核廃棄物中間貯蔵施設建設反対」「東通原発停止」「六ヶ所核燃料サイクル基地操業停止」を訴えている。このピースサイクル道南ネットの自転車隊は、ヘッドギアをかぶりおしゃれなウェアに身を包んでいた。反核抗議団体とはとても見えない。

この日の船内はお盆の帰省客と旅行者が多く混み合っていたが、私たちは予約していた団体席に落ち着いた。前年の三月一一日に起こった福島第一原発の事故で原発の恐ろしさを知り反原発運動に関わるようになった人。教会の活動のなかで放射能の恐ろしさを知り、函館から津軽海峡をはさんで見える場所に建てられようとしている大間原発を見てみたいと参加したグループ。福島で子どもが被曝している現実を知り、どうしても大間原発を止めたいと参加した人。長年大間原発反対活動に関わり、福島第一原発事故後の今こそ原発を止めるしかないと決意を新たにした人もいる。様々な人が大間原発に反対するそれぞれの理由を抱え津軽海峡フェリーの船上にいた。

穏やかな天気で船が津軽海峡の中ほどまで進んでも揺れは少ない。初めて大間行きフェリーに乗った人たちは甲板に出て海を眺めている。魚を追う鳥たちが船に伴走するようにつかず離れず寄り添って飛んでいる。空と海の青を背景に波と鳥の描く世界は絵画のようだ。

この一時間三〇分の短い船旅を、私は何度繰り返してきただろう。大間原発の工事中止を求める決して楽しくはない旅の途上で、私は漠然と過去のことを思い起こしていた。

初めてフェリーに乗って大間町を訪ねたのは一九九四年。そのときは子ども連れでの日帰り旅だった。まだ原発がそこに建つことなど実感できなかった。しかしその頃から裏では国と電源開発、大間町議会、大間商工会によって原発立地計画がすでに進められていた。彼らが水面下でやっていたことをなぜ私たちはそのときもっと知ろうとしなかったのだろうか。今、大間原発建設までの歴史を振り返ってみて、これまでの大間までの旅の喜怒哀楽とともに自分の危機感のなさに悔しさがつのる。

寒風のなか荒れる海でゆりかごに揺られるような船旅もあった。二〇〇七年頃だ。その旅で強い風で波のしずくが塩になって飛ぶということを知った。

こんな天気に甲板に出る人はいないだろうと思いながら海を見ようと甲板に出てみると、双眼鏡を抱えた若い男性が二人、空を見ていた。何をしているのか不思議に思い尋ねると北海道大学の野鳥研究会のメンバーで渡り鳥の調査をしていると言った。津軽海峡は渡り鳥のルートで北方から避寒のために南に下る鳥たちはこの海峡を一気に飛び超えていく。双眼鏡を片手にいつ来るかわからない鳥を待ち続ける若者たちになぜか感動し、再会の約束をした。数カ月後その約束は果たされ、渡り鳥の研究について聞く機会をもてた。自然の営みは国境も海も軽々と越えてゆく。自分たちの居場所を求めて厳しい旅を続ける鳥たちを調べ続ける若者たちもまた自然の流れに寄り添う生き方をめざしていた。一人は春から礼文島（れぶんとう）での野鳥観察に向かうと言い、もう一人は野鳥の研究を続ける道に進むと言っていた。

嵐のような風のなか六万四〇〇〇筆の署名を手にフェリーに乗ったのは、二〇〇八年二月の旅だった。嵐のなかの木の葉のように揺られ、航路のほとんどを寝て過ごす旅だった。大間町のフェリーターミナルは港の設計のためか風がまともに巻き上がる構造で、その日も階段を下りて車両甲板から渡し板を歩くと身体が浮き上がるほどの風だった。

出迎えてくれた地元で反対運動をしている奥本征雄さんとの挨拶もそこそこに、すぐに大間町役場に向かい金澤満春町長を訪ねた。古びた町長室に通され、風呂敷包みをほどいて六万四〇〇〇筆の大間原発建設反対の署名を渡した。金澤町長は署名書類を一瞥しただけで顔色も変えずにいた。「大間原発訴訟の会」の竹田とし子代表が「六万人超える人たちが大間原発を止めてほしいと願っている。この思いを受け取ってほしい」と訴えた。しかし金澤町長は「地域振興と大間町のために建設を希望する」と答えるのみ。大間原発の危険性を知りながらなぜ原発建設を推進するのかと問うても町長の答えは「大間原発は町の経済的発展であり、それが町民の幸せ」だった。届かない言葉と静かな怒りを抱えて役場を出た。

予想していたとはいえ大間原発を止めてほしいとの六万四〇〇〇人の思いは金澤町長には全く伝わらず、これからの厳しい道のりを覚悟させられた旅だった。

海峡を見るたび走馬灯のようにその時々のフェリーの旅が浮かんでは、また消えてゆく……。

二〇一二年八月の工事中止要請の旅に戻ろう。

フェリー上から見える大間原発

乗船後一時間二〇分を過ぎ大間の町が近づいた頃、海上から最初に見えてきたのは建設中の大間原発の姿だった。白と赤の巨大なクレーンが迫ってくる。大間原発は想像するより大きな姿で私たちの目の前に現われた。初めて見た人はその大きさに声をあげている。半島のはずれ、小さな町の海沿いに、原子炉建屋や関連施設など巨大な建物群が並ぶ建設半ばの大間原発。六〇〇〇人足らずの小さな町に似つかわしくないその異様は、海に囲まれた半島の自然からも浮き上がっていた。建設途中とはいえ巨大な大間原発に出迎えられた私たちから、小さな船旅気分が確実に消えていった。

木造の大間町役場で

船はほどなくして大間フェリーターミナルに着いた。ターミナルには東京の市民グループ「東京ピース隊」のメンバー、青森県弘前市から来た原発に反対する人たち、現地で反対運動を行なっている奥本征雄さんらがいて私たちを出迎えてくれた。

ピースサイクル隊は船から降ろした自転車に乗り、車で行く私たちのグループより先に出発。車に分乗した人々もそれに続き大間町役場に向かう。フェリーから車で数分の役場は古い木造の建物で、映画のセットになりそうな昔の雰囲気を残したままだが、大間町内は原発マネーといわれる交付金で建てられた目新しい建築物がめだつ。大間町の中心には国道二七九号線が通っているが、その国道に沿った「町道」を住民たちは「交付金通り」と呼ぶ。大間小学校、大間幼稚園、うみの子保育園、大間中学校、大間高校などが並んでいる。新しい建物が次々と建っている大間町なのに役場が古いままなのは建設予定地が原発の道路建設用地にかかったため新築を断念したせいだという。

大間町役場に着いて来意を告げると、町長は「不在」で副町長も「不在」だった。代理の課長が私たちに応対した。ピースサイクル道南ネット代表の布施義男さんが大間原発工事中止の要請文を読み上げた。

「福島第一原発事故から一年半が経ち、いまだに福島原発では放射能が出続けている。大間町では今のような事態にいたっても工事再開を電源開発に要請し、青森県や国へ陳情までして、大間原発建設を止めないのはなぜなのか。原発反対の声が日本中で大きくなっているのに、大間町では町民の声を聞かないのか」

担当課長は「議会で決めたことを粛々と進めていくだけ」とだけ説明した。そして「大間町には町民による反対の声は届いていない」と付け加えた。

私たちのなかから弘前市からの参加者が発言した。

「青森では津軽衆と南部衆が対立していることは知っているんだろうな。大間町は原発を誘致して交付金を手にして豊かになったが、交付金をもらっていない地域は何かあったら危険だけがやってくる。福島第一原発事故前なら安全神話を信じていたという言い訳も通用するかもしれないが、今はだめだ。いま原発を受け入れたら被害者ではない。こ

大間町の真ん中に鎮座する大間原発

れからは加害者になることを承知で原発を受け入れるんだろうな。それでももし事故が起きたらどこに逃げるのか。野辺地からこっちは津軽衆だ。南部の者はどこにも行くところはないのを知っているのか。隠したって口を開けば言葉ですぐにわかる。それでどこに逃げるつもりだ」

私のようなよそものには、にわかに信じられないような質問が飛び出した。青森県を二分する「南部」と「津軽」の対立については聞いたことはあるが、私にとってそれは歴史のなかの話であってとても実感できることではなかった。

下北半島の突端にある大間町で事故が起きれば逃げる道は大畑(旧・大畑町、現・むつ市)か脇野沢(旧・脇野沢村、現・むつ市)を通りむつ市に向かうしかない。太平洋側を行く大畑を通る道は、天候により道路閉鎖がたびたび起きる。西側の佐井村から脇野沢を通るルートは山道で、冬期間は閉鎖される。それ以外大間町民が内陸に逃げるルートはない。あとは海にしか逃げ道はないのである。

弘前からの参加者の質問を受けた課長の答えに私はもっと驚いた。大間町役場の課長は「わかっている」と答えたのだ。逃げ場のないのがわかっていて原発を建てると言っているのだろうか。町民の安全をどう考えているのか。驚きの連続だった。私が「歴史のなかの話」だと思っていた南部と津軽の対立とは次のようなものだ。

南部と津軽の対立

たとえば青森県出身の二人が初めて出会う。そこでかならず交わされる言葉が「青森県のどこの出身か」である。「南部の出か、津軽の出か」——それが相手を敵味方に分けるのである。

津軽地方とは現在の青森県西部である。津軽地方の中心は弘前城のある人口約一八万人の弘前市。近世はこの弘前を中心に弘前藩（一〇万石、津軽藩ともいう）があり、その弘前藩を治めていたのが津軽氏である。

いっぽう南部地方とは現在の青森県東部と岩手県・秋田県の一部を含む近世における南部藩（二〇万石、盛岡藩ともいう）所領の地域を指す。現在、人口約二四万人の八戸市は江戸時代初期に南部藩の直轄地となり、のちに八戸藩（八戸南部氏、二万石）として分立した。

かつての津軽藩と南部藩の領域

中世まで南部藩は現在の青森県全域と岩手県北部を治めていたが、戦国時代に配下であった大浦氏が南部に反旗を翻し青森県東部を掌握した。のちに大浦氏は津軽氏を名乗って弘前を治め、江戸時代には津軽藩として生き残ったのである。

一八二一年（文政四年）には南部藩の藩士が津軽藩主である津軽寧親（やすちか）を狙う暗殺騒動が起きた。事件は未遂に終わったがその後も二つの藩の対立は幕末まで続

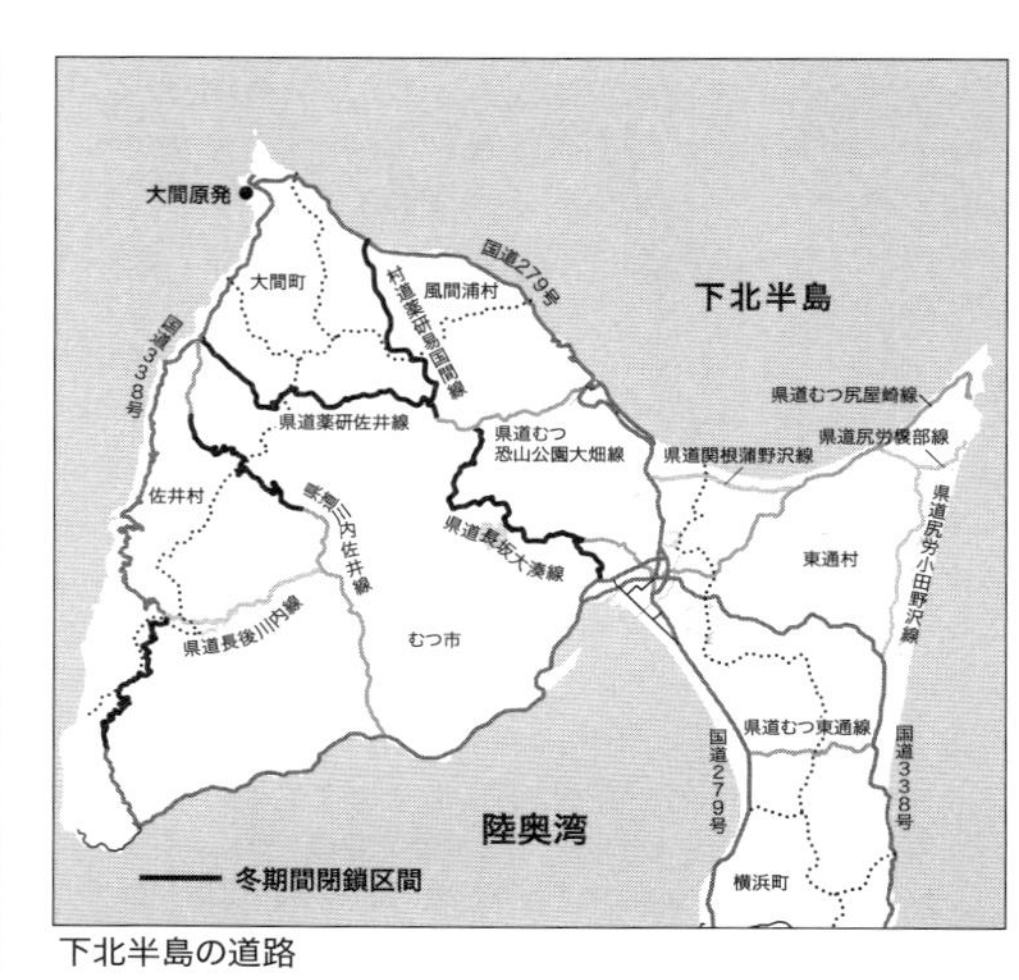

下北半島の道路

いていた。

明治時代になって廃藩置県が行なわれたが、青森県の設置にあたっては両者の対立が表に出て、津軽の中心地・弘前と南部の中心地・八戸が県庁所在地を争い、結局どちらに置くこともできなかった。そして旧津軽藩と旧南部藩の領地の境目である当時漁村であった現在の青森市に県庁が置かれた。一四〇年を過ぎたいまもその反目は根深く残り、折りにふれ表面に出てくることになる。

大間町は藩政時代、南部藩の官政牧場が置かれ馬産地として有名な地域であった。また一般にはあまり知られていないが大間町の中心地には負け戦で追われた南部藩兵がたどり着いたという記念碑も残されている。南部藩の末裔である誇りはいまも大間町民を支えているのであろう。

下北半島の付け根である野辺地を境とする〃南部と津軽の境界線〃は見えない壁となって青森県民の奥底に今もしっかりと残っている。それが原発事故が起こったとき避難経路にも現われる——と弘前市からの参加者は言ったのだ。「南部衆が避難してきても受け入れられると思っているのか。口を開けばすぐにわかる」と。

その〝津軽衆〟の言葉に対して、〝南部衆〟である課長は「わかっている」と言った。では原発事故のとき大間町役場は避難経路をどのように考えているのか。太平洋側のルートは前述したように道路閉鎖の起きる不安定な国道であり、西側の山道のルートは道路整備事業はまだ行なわれていない。海からの避難を考えるとすれば津軽海峡フェリーしかない。二〇一三年四月に就航した新造船「大函丸」は一九一二トンで航速一八ノット、時速に換算すると約三二キロである。定員は四七八名、乗用車搭載数は六〇台。このフェリーで六〇〇〇人近い全大間町民を一度に避難させることは不可能である。

電源開発の対応

町役場をあとにした私たちは次の目的地である電源開発の現地事務所へ向かった。電源開発が管理する大間原発の敷地面積は一三二万平方キロメートル、東京ドーム二八個分の面積である。自転車と車でこの広大な敷地のゲートに着いた私たちを待っていたのは慇懃無礼を絵に描いたような電源開発職員の出迎えだった。ここでも所長は「不在」で代理の副所長が対応した。しかし人数が多いから「応接室」には入れないと言う。

以前から訪問予定は知らせてある。それに毎年訪問している団体である。今回だけ応接室に「人数が多いから入れない」というのはおかしいだろうと抗議をした。しかもその応接室というのは、受付前に置かれたただのスーパーハウスなのである。スーパーハウスとは建設工事に使われるプレハブの簡易建物で、トラックなどに積んで移動可能な物置のようなものだ。

私たちは電源開発側と押し問答の末、そのスーパーハウス(応接室)の鍵を開けさせた。中は蜘蛛の巣がはり、虫の死骸と埃にまみれていた。掃除などしたこともないような「応接室」の汚れ具合に、結局こちらが入りたくないと言い、外で要請行動をすることになった。人を人とも思わないような電源開発の対応はこれまでも何度もあったのだがこのときはあまりにもひどかった。

水俣病患者の被害者救済に生涯をささげて取り組んだ故・原田正純さんの著書『水俣が映す世界』のなかに次の言葉がある。

「水俣病の原因のうち、有機水銀は小なる原因、チッソが流したというのは中なる原因であるが大なる原因ではない。大なる原因は『人を人とも思わない状況』いいかえれば人間疎外、人間無視、差別といった言葉で言い表される状況の存在である。」

このときの私は原田さんのその言葉を思い出していた。原発建設に反対する市民グループの人間など人を人とも思わないからこのような扱いができるのだろう。このことは原発の危険に対する認識の甘さやプルトニウムを扱う原発建設に迷いもない電源開発の態度からも透けて見える。いや原子力発電そのものがこの原田さんの言葉に象徴される人間疎外であり差別そのものだといえる。

電源開発の対応のひどさに抗議しながらも私たちは目的である工事中止要請を始めた。ピースサイクル道南ネット代表の布施義雄さんが大間原発工事の再開中止要請文を読み上げた。そして次に参加者が意見を述べているときだった。うしろで大きな声が聞こえた。「何をしているんだ、それを見せろ」と誰かが叫んでいる。ツアー参加者の二十数人がいっせいに声のほうに振り向く。

メンバーの一人が電源開発の警備員に向けて放った言葉とわかった。事務所のなかにいる警備員がビデオカメラを持っていた。どうやら要請行動に来た私たちを撮影していたようだった。警備員に詰め寄ったメンバーの一人が誰の指示でやったのかと聞いても警備員は答えない。らちがあかず私たちは副所長に聞いた。副所長はそんなことは命じていないと言う。

とにかくビデオカメラで撮影したものを消去するように警備員に伝えた。しかし警備員は私たちの言葉に何も反応しない。上司の命令がなければ何もできないような感じだった。副所長に「あなたの指示がないと何もできないのだから、ここで消すように指示を出してくれ」と言い、副所長がそれを消しなさいと命じてようやく撮影者の警備員が動いた。しかし私たちは「こちらで消さないと信用できないから」と言ってビデオカメラを預かり録画した映像を私たちのメンバーの一人が消去した。

「こちらに黙ってわれわれの映像を記録してどうするつもりなのか」と私たちは副所長に抗議した。副所長は「知らなかった」の一点張りであった。この一部始終をわれわれに同行した北海道新聞の記者が見ていて、以下のような記事を書いた。

大間原発は中止を——函館の二団体、現地で要請

工事が中断している電源開発（青森県大間町）の建設に反対する函館の市民団体「ピースサイクル道南ネット」と「大間原発訴訟の会」が一七日、同原発周辺を視察した。大間町役場や同社の事務所を訪れ、工事の中止などを要請、年内の工事再開も浮上する中、あらためて建設反対への強い思いを示した。［中略］

同原発に近い電源開発大間原子力発電所では、荒井裕文所長代理の前で布施代表が「大間や函館を含む道南、青森市での説明会開催」などを要請する北村雅良社長宛の文書を読み上げた。また、要請行動中、警備員がビデオカメラで一行を隠し撮りしているのを参加者が見つけ、厳重に抗議した。〔中略〕

回答は二カ所とも「国のエネルギー政策のもとで進めている」「ご要望としてうけたまわる」との紋切り型。福島第一原発事故以前と変わらない対応と憤る同訴訟の会の竹田とし子代表は「大間原発の建設はなんとしても止めなければ。今後は大間でも原発の問題点を書いたチラシを配りたい」と語った。

（『北海道新聞』二〇一二年八月一八日）

電源開発は「大間原子力発電所　建設工事のあらまし」というパンフレットを発行している。その表紙には次のように書かれている。

「安全確保を最優先に、地域から信頼されるフルMOX発電所の建設を」

北海道函館市は、福島第一原発事故の起こった二〇一一年の秋から検討された末に定められたUPZ（緊急時防護措置準備区域、原発から三〇キロ圏内）にある。原発の影響を受ける自治体ということで函館市は、市民の避難計画などを策定する義務を負うことになった。いっぽう函館市民は、事故が起きれば確実に影響を受ける自治体に住む人間として電源開発に抗議する権利をもつ。電源開発はそれに応える義務があるにもかかわらず、事前に訪問することを伝えて来た函館市民を「応接室」という名のプレハブの物置小屋で応対しようとし、さらに人数が多いのでそこにも入れないと断った。

また、さらに電源開発はその訪問者の映像を隠し撮りしようとした。それが「地域から信頼される」企業のすることなのだろうか。電源開発のこうした対応は地域住民との信頼をことごとく崩していくものだった。

これまでも原発近くに土地をもつ地権者を私たちが訪ねるたびに、電源開発が設置した監視小屋などからビデオカメラで撮影されたことがあった。監視をするように複数の人間があとをつけてくるという経験をした者も多数いる。敷地の近くにいるあいだ、監視されるのは毎度のことであった。原発が稼働すれば現在とは桁違いのリスクが生じ、今の何倍もの警備体制を敷くことは間違いない。

京都大学原子炉実験所助教で原子核工学者の小出裕章氏は「核分裂でエネルギーを取り出す原発は核と同じものです。人間が制御できない危険な核物質を持つわけで、日常に戦闘行為が起こる可能性を秘めているのです。必然的に厳しい情報統制が必要な警察国家にならざるをえないのです」と言っている。

危険な核物質を扱うために、電源開発を含む電力会社は攻撃を恐れて過剰な警備体制を維持することになるのである。そうしてつくる電気で人は本当に豊かになれるのだろうか。人類がコントロールできない核物質を間近に置いて人は本当に幸せに暮らしていけるのだろうか。いつ暴走するかわからない原子炉、敷地内に置かれるプルトニウムの詰まった原子炉燃料倉庫、溜まっていく使用済み核燃料——。そのどれもが人がコントロールできないことは、現在も収束のつかない福島第一原発事故が教えてくれたはずだ。

人間は恒常的な危険に晒されていると本能を制御するシステムが脳内で働くという。自分を守るために感覚を鈍くするのだ。破壊と暴走が何によって起こるか誰も予測できない原発事故の恐怖のなかで、人はしだいに置かれた環境に慣れていく。たとえば〝原発銀座〟といわれる敦賀湾では、原発が建つすぐ前の海浜に毎年海水浴場が開かれる。原発のパンフレットには海水浴場で戯れる子どもや大人たちの向こうに原発がそびえ立つ写真が掲載されている。初めてそのパンフレットを見たとき私は驚きのあまり言葉が出なかった。しかし地元の人間にとって原発は生まれたときからそこにあり、家族や親戚が働く仕事場なのだ。毎日恐怖と嫌悪の対象にしてはいられないのである。電力会社の〝安全神話〟にすがるように丸ごと信じてしまうことで自分を納得させるしかないのであろう。

〝神話〟というものは論理でもなく科学でもなく不安と恐怖を押さえ込む〝魔法〟なのだ。福島第一原発事故でその安全神話が崩れた今後もわれわれは、そして大間町の人々は、国や電力会社が吹聴する安全神話に身を任せるしか生きていく道はないのだろうか。

第2章 危険な原発を受け入れたまち

大間町の暮らし

本州最北端のまち大間町は青森県下北半島の最北端に位置する、人口五八一八人、世帯数二五四四戸、面積五二〇六万平方キロメートルの自治体である（二〇一五年一月三一日現在）。国道二七九号線沿いに〈大間〉〈奥戸〉〈材木〉の三つの集落がある。

町内最北端の大間崎には〈本州最北端の碑〉があり、太平洋から上る日の出と日本海に沈む夕日を見ることができる。「北海道の山並みを北に望み、津軽海峡の雄大な自然に抱かれた本州最北端の町」と町のホームページに書かれているように、大間町は津軽海峡に向かって開かれている町である。

下北半島の自然ではなく北海道の山並みが町の紹介に出てくることに大間町の立ち位置を感じる。大間町民にとって車で四時間以上かかる県庁所在地の青森市より、津軽海峡フェリーで一時間三〇分の距離にある北海道の函館市のほうがすぐ近くの大きな街なのである。大間町民にとって函館は通院・娯楽・買い物に通う街なのだ。朝一番のフェリーで病院に行き、あるいは用事を済ませ、

大間崎から対岸の函館（北海道）を望む

買い物をして夕方のフェリーに乗って帰路につく。津軽海峡フェリーは大間町民にとって足のようなもの。大間町内のいたるところに函館の病院やショッピングセンターなどの看板が立っている。大間町の小高い丘にある展望台に登ると津軽海峡の向こうに函館市街が見渡せる。そこから見る函館は海を挟んでいるとは思えない近さにある。昔の人たちは津軽海峡を「海」ではなく「しょっぱい川」と呼んでいた。

縄文時代のはるか昔から本州と北海道は川を渡る感覚で行き来があった。海流と季節風を利用して津軽海峡を船で渡ったのである。大間町の展望台からは函館山はもちろん、五稜郭タワー、湯の川温泉のホテル群も見える。函館市からも大間町は見えるが、この近距離感は大間に来て展望台に登って見て初めてわかったことだった。

函館の南端、津軽海峡沿いの国道二八八号線は通称〈漁り火通り〉と呼ばれる。イカ釣りの季節ともなると真っ暗な海に無数の漁火が浮かびもう一つの町が出現したように見える。

その漁り火通りの真ん中あたり、大森浜にある〈啄木小公園〉から海の向こうの大間町がよく見える。数年前、初めて赤白に塗り分けられた大間原発の巨大な送電線の鉄塔が見えたときは驚いたが、いまでは晴れた日には原発敷地に建ちつつある白い原子炉建屋まではっきりと見える。そしてその光景は、大間から見える景色とは決定的に違っている。人口六〇〇〇人弱の町から人口二八万人近い街を見るとき、函館はとても大きく見えるのである。

「大間はいつも函館に片思いだから」と知り合った大間の若者は言う。その言葉は、函館は大間を見ていない、という言葉に私には聞こえた。

大間原発建設への流れ

大間町商工会が原発建設誘致を決めたのは一九七六年(昭和五一年)四月のことである。商工会はまず町議会に「原子力発電所新設に係る環境調査」の実施を請願した。大間町議会は同年六月にそれを採択した。しかし商工会が四月に提出した環境調査実施の請願は多くの住民にとって寝耳に水の出来事だった。

原発建設誘致の推進派は「調査は建設ではなくあくまで調査である。調査と建設は別だ」との言葉を繰り返したが、その言葉を真に受ける町民はいなかった。全国各地で行なわれていた原発や火力発電所建設のための調査が建設への第一歩となることを知っていたからである。大間町では当時の社会党系の労働組合(地区労)が中心になって「大間原発反対共闘会議」が結成されて学習会や原発反対の集会を開くなど、反原発運動が活発になっていった。それはやがて労働者だけでなく漁民をも巻き込み、大間町の原発反対運動は盛り上がっていった。

■電源開発株式会社■　大間原発の建設主体である「電源開発株式会社」の成り立ちについてふれてお

こう。電源開発は一九五二年(昭和二七年)に設立された国策会社である。政府の後押しのもと大規模な石炭火力発電所や多目的ダムによる水力発電所を造り、そこから供給される電力を日本各地の電力会社に卸してきた。

一九六〇年代から七〇年代にかけて、原子力産業は日本のエネルギー政策の最先端に位置づけられ、経済政策の中心となる花形産業であった。学問の分野でも大学の原子核工学は東京大学を頂点として時代の先端をいく学問であり、学生たちの憧れであった。そのようななかで電源開発がカナダ型重水炉CANDU炉の開発に名乗りをあげた。これまで電源開発は、国に守られた電源開発を快く思わない九電力会社の水面下での反対もあり、原発だけは造れなかった。唐突に原発建設に名乗りをあげたのは、電源開発が当時の通産省と組んでどうしても原発を建設したかったからだといわれている。一九七八年(昭和五三年)、原子力委員会は大間町にCANDU炉立地の要請をした。ところが翌年、原子力委員会は経済効率の悪さからCANDU炉導入の見送りを決定する。このことは大間原発に反対してきたものには原発建設計画が消えたとつかの間の喜びをもたらした。

「原子力委員会がCANDU炉導入の見送りを決めたことで大間原発は一時立ち消えになったかに見えたが、立地環境調査は当時の通産省や電源開発によって着々と進められた」と現地大間町で原発に反対する奥本征雄さんは言う。

そしてその後、新たな原発計画「ATR実証炉計画」が浮上する。一九八二年(昭和五七年)、建設主体に電源開発がなることが決定し、翌一九八三年、大間町にATR実証炉が建設されることになった。立地調査や基本計画が示され、一九八四年一二月には、町議会で原発誘致決議が賛成一六名、反対一名で採択された（このとき反対した一名が第4章で紹介する元町議会議員の佐藤亮一さんである）。

■大間漁協と奥戸漁協■　議会の賛成を取り付けた電源開発は、次に漁業協同組合に狙いを定めた。一九八四年の一二月、町と電源開発は大間漁協と奥戸（おこっぺ）漁協に原発調査対策委員会設置のための臨時総会の開催を要求。ここで原発建設への道を一挙に進めようとした。しかし前述の奥本征雄さんら「大間原発に反対する会」が漁民や地権者などを対象に学習会を開いて反原発運動を進めていったこともあり、両漁協で臨時総会の要求は否決された。漁協の臨時総会で原発建設への道を開こうと画策していた町と電源開発にとってよもやの「否決」だった。

一九八五年（昭和六〇年）一月三〇日の『東奥日報』は、一月二九日の大間漁協の臨時総会で原発調査対策委員会の設置問題を審議、採決の結果正組合員の三分の二が反対に回り否決されたことを伝え、三〇日に同じ議案を諮る奥戸漁協の臨時総会にも大きな影響を与えるのではないかと書いている。その記事に反対派の漁民の声が次のように載っている。

「自然に手を加えていいことあるか」原発建設に反対する組合員がこう叫んで執行部に詰め寄った。「先祖から受け継いだ自然の海をそのまま子につたえていくんだ」とも。〔中略〕

この日の大間漁協総会での原発対策委設置の否決で、今春にも予想される電源開発側からの立地要請前に〃受け皿〃づくりを急ぎたい町当局の思惑が大きく狂った。

反対の漁民は温排水のコンブ漁への影響の不安を訴え「急いできめなくても半年や一年は原発について組合員に勉強させたらどうか」と時期尚早論が大勢を占めた。「反対、賛成の学者を呼び討論してもらえ」「先進原発の海を視察に行けばいい」と先を急ぐ町にブレーキをかけた。

（『東奥日報』一九八五年一月三〇日）

この後一月三〇日に開かれた奥戸漁協の臨時総会でも、「原発対策委員会の設置」は圧倒的多数で否決された。今から見ればこの頃が漁民の反対運動のピークだった。

■原発建設推進工作■　地元の反対運動の広がりを懸念した電源開発は、その後町民に対する〝切り崩し〟に出る。人海戦術による反対派住民への懐柔策である。たとえば「援漁」といわれるコンブ採りなどの漁の手伝いや、田植えや稲狩りなど畑仕事の手伝いを電源開発社員がしたり、町の季節の行事に電源開発社員が積極的に参加したりした。このようにして電源開発の現地駐在員たちは地域のなかに入り込み、原発推進工作を進めていったのである。

町の暮らしに入り込むと同時に、地域住民に向けた「先進地視察」も電源開発によって行なわれた。先進地視察とは交通費から飲食費まですべて電源開発がもつ、参加者の住民にとってはすべて無料の温泉接待付き小旅行であった。

人口六〇〇〇人に満たない大間町では、昔ながらの人の繋がりのなかで助け合い、様々な対立を乗り越えながらそれまでの生活を維持してきた。そのなかに新たな対立軸をもたらしたのが、あの手この手で原発建設推進工作を行なった電源開発であった。

大間町の漁師たちはマグロやイカの漁では家族総出で仕事を行なう。男たちが漁をしている最中、女性たちはおもに畑で野菜を栽培し、前浜では海藻や貝を採取して生活の糧としてきた。漁で獲れたものを近所にお裾分けし、野菜をお返しするというのが大間の日常だった。そのように生きてきた町の人たちが原発問題では立場の違いから言葉を交わすこともなくなり、お互いの立ち位置が見えないまま疑心暗鬼のなかで何年も過ごすことになった。

一九八五年(昭和六〇年)六月、電源開発は青森県と大間町・風間浦村・佐井村にATR実証炉計画の協力を正式に要請する。翌一九八六年には総合エネルギー対策推進閣僚会議が大間地点を「要対策重要電源(新型転換炉ATR)」に指定する。

しかし、そのときはまだ地元の大間漁協では「豊かな海をそのままにしておきたい」という漁民たちの思いが強かった。原発調査対策委員会の設置を拒否するなど反対派の漁民の危機感は強く、やがてそれが実力行使も辞さない反対運動に展開していった。いったん調査を認めてしまえば、海を売り渡さなければならなくなるという切羽詰まった気持ちで一人ひとりが向かっていたのである。反対運動を続ける人たちと電源開発の懐柔策に流されていく人が水面下で激しくぶつかる数年間だった。

『東奥日報』には当時の電源開発の行動がこう記されている。

電源開発原子力調査所(大間町)は、一九八三年七月の発足時の職員二六人が五五人に増員され、うち二九人が立地渉外担当で、組合員宅を訪れる。「戸が固く閉まって空振り続きでした。でも昨年暮れから雪と厳しい冷え込みに『大変だな、まあお茶でも飲めや』という温かい声もだんだんきかれるようになってね」と立地担当副所長中島孝吉(五四)は目を細める。所長の磯野喜矩(五三)は「反対する組合員も研修視察に行ってもらっている。もう二〇〇人近い数になる。温排水にじかに触れて、知ってもらう。『大丈夫じゃないか』『いやよく分かった』という声を広めて不安を取り除きたい」という。

(『東奥日報』一九八六年日付不詳)

このような電源開発社員の直接的な働きかけとは別に、町民への〝金〟と〝仕事〟という二本立ての現実的な工作もあった。電源開発のそうした懐柔策に反対運動を担っていた人間も一人また一人と切り崩されていった。一九八〇年代半ばから、大間の住民たちは賛成派と反対派に分かれて地域の祭りさえもできないような状態になった。

当時から反対運動を行なっていた奥本さんは「金のためですよ」と言葉少なく言い、「電源開発のしたことは地域の人たちのつながりを壊し、長い歴史のある町の暮らしを壊すものだった。それが一番悔しい」と話す。

■大間原発に土地を売らない会■　一九八六年一二月、奥本征雄さんら「大間原発に反対する会」は原発建設予定地に土地を所有する反対派漁民十数名で「大間原発に土地を売らない会」を結成した。これは電源開発の推進工作が激しくなってきたため、たとえ漁協が電源開発の建設推進にからめとられ海が売られても陸だけは守ろうとする反対派の決意の表われだった。

原発調査対策委員会設置の漁協による否決に危機感をもっていた電源開発の藤原一郎社長(当時)は、一九八七年(昭和六二年)五月大間町を訪れ、町に原発計画を強力に推進することを要請した。それを受けて町は「町政懇談会」を開き、住民への理解を求めた。

大間原発建設のための町政懇談会

町が企画した「町政懇談会」の席で、原発の早期建設をめざす電源開発は原発計画の概要を話した。大間町民の出席者は三〇〇人。『河北新報』はそのやりとりをトップ記事で伝えた。

「原発計画に揺れる大間」漁民　海汚染、安全うそ

〔略〕

以下は町政懇談会での質疑応答

住民　電源開発はこれまで原発をつくったことがないが、初めてつくる会社が、それも新しいタイプの原発で絶対安全といえるのか？

電源開発　初めてですが、これまでの原発、同じタイプの原型炉技術にかかわっており、安全だと確信があるからつくるんです。安全性は国が責任を持っていますし、これをつくるのは国の方針でもあります。

住民　原発を建てる場所があまりにも民家に近すぎないか？

電源開発　最も近い根田内とは七〇〇メーターしか離れていません。炉心からいくら離れなければならない、という基準はありません。東海村などの先例地を見てもらえば、住民がどう感じているか分かってもらえると思います。

懇談会に出席した漁民の声

「原発に賛成している人で、これだからと理由をあげて具体的に言えるひとがいますか。いいからやるのではなく、金欲しさでしょう。金は自分でかせぐものじゃないですか。朝、浜で漁師はみんな顔を合わせる。原発に賛成なのも反対なのもいる。お互いの気持ちは違ってきてしまった。本当はみんな今まで通りやりたいのだ。それができないというのはつらい」

「原発の建っているところへ視察にも行った。そこでの魚場の実態を見、漁民の話を聞けば、海が汚染されているのが分かった。安全だ安全だという話と違っている。どっちが嘘をついているのか。原発には後遺症がある限り、必ず子どもたちの未来を悩ませるような事態が起きる。魚だってどこで取れたものか分からないようにして、売らなきゃいけなくなる。漁師はつぶれてしまう。漁民はどうなる」

（『河北新報』一九八七年五月二五日）

いま、この記事を読むと反対の声をあげる漁民の言葉の確かさに驚かされる。命と向き合いながら漁を続ける人の言葉の重みは、原発を進める人たちの空虚な言葉とは対照的である。漁師の仕事場は「板子一枚下は地獄」といわれる。海という大きな自然と向き合いながら働く漁師たちは、命の〝重さ〟と〝軽さ〟を体験的に知っている。その頃、漁に出る前、船溜まりで顔を合わせる漁師たちは要らぬ諍いを避けるために原発に対する思いをはっきり口にしなかったという。町の人たちのあいだにも徐々にものを言わない風潮が広がり、自分の考えを口にしない空気が広がっていった。

原発調査対策委員会の設置

電源開発と町の強力な原発推進工作を受けて、一九八七年(昭和六二年)六月に大間漁協が、翌八八年(昭和六三年)四月に奥戸漁協が、原発調査対策委員会(後者は「原発対策委員会」)を設置することを決めた。大間漁協の臨時総会では賛成三三二票、反対一一六票だった。原発推進派の組合長は、対策委員会の存在を「原発について調査し、あらゆる角度から検討を加えるための委員会」と位置づけた。臨時総会会場からは「海で飯を食ってきた漁師がこれから先ずっと生活していくためには自然を守っていかなければならない。それなのになぜ原発か」「原発がくれば生活が現状より良くなるのか」などの質問が出たが、漁協の推進派は「原発調査対策委員会はあくまで勉強の場」であることを強調し、反対派の追及をかわした。漁協における原発調査対策委設置を受けて当時の柳森伝次郎大間町長は「勉強し合うのはいいこと。海については漁協の皆さんの判断にまかせる」と話した。

しかし実際には悠長に〝勉強〟している時間などなかった。電源開発側のスケジュールは計画着手(電源開発調整審議会上程)が「昭和六三年(一九八八年)一二月」、着工が「昭和六六年(一九九一年)四月」、運転開始は「昭和七二年(一九九七年)三月」となっていた。一九八八年四月に行なわれた奥戸漁協臨時総会で原発対策委設置が決議された直後の五月初めに地元を訪れた藤原一郎電源開発社長は「年内に、地元と具体的に協議に入りたい」と述べた。町は電源開発からの強力な推進の要請を受けながら、漁師や住民にはあくまで勉強の場と言葉を繕い、陰では推進の旗を振っていたということになる。原発が素晴らしいものであればこのような虚偽の言葉を並べ、漁師を騙すような方法で原発対策委員会の設置を図る理由はない。要するに町政懇談会で住民に説明したときにはすでに電源開発の原発建設スケジュールが決まっていたのである。そのことに反対派は気づかなかった。

この間、電源開発は反対していた漁協関係者に執拗に食い込み、議決権をもつ正組合員を水増しさせるなど様々な手を使って対策委員会を設置させた。そして同時期、電源開発は密かに用地買収にも乗り出していた。

漁協が原発建設計画に同意

一九九四年(平成六年)五月、大間・奥戸両漁協は臨時総会で〃原子力発電所建設計画への同意および漁業補償金受け入れ〃を決定し、電源開発と漁業補償協定を締結した。その後、町は水産振興策である「リフレッシュマリン大間計画」を進め、漁協とともに育てる漁業の充実を図った。漁協が原発調査対策委員会の設置を決めた一九八七年から原発建設計画を漁協が認めた一九九四年までの七年間に大間町ではいったい何が起きていたのか――。

電源開発は漁協の原発調査対策委員会設置の同意を取り付けたあと、狙いを海から陸に切り替え、この七年間のうちに原発建設予定地の地権者との契約を個別に進め、着々と土地を手に入れていったのである。大間町の反対派にとっては、海から陸へ闘いの場が移っていた。しかし土地を電源開発に売らない人たちもいた。原発建設予定地に土地を持つ熊谷あさ子さんをはじめ、先述の「大間原発に土地を売らない会」の地権者たちである。彼らは土地を守ろうと抵抗を続けた。それを外部から応援する形で、青森県の労働運動団体が中心となって地主から土地を譲り受け電源開発の買収に応じない「一坪地主の会」を立ち上げた。「一坪地主の会」の所有地は、現在「電源開発の大間原発反対」の看板が立っている場所とその奥の土地、そして海に向かって開けた土地の三カ所である。

そのうち看板が立っている場所では現在「大間原発反対現地集会」と「大マグロック」が開かれている。大マグロックというのは毎年夏に開かれるロックコンサートのことで、観客は自然のステージを囲むようになっている斜面に座り参加する。ステージのうしろには海と空が広がり、そこから建設中の大間原発は見えない。電源開発が盛り土してできた丘が陰になって原発を隠しているのだ。町内では隠しきれない大きさになってしまった大間原発だが、ここだけはまだ海と空だけの原発のない風景である。

「一坪地主の会」の所有地で開かれている大マグロック

それにしても、当時の新聞記事を読みながら私はある思いに捉われる。原発に反対してきた漁民がなぜ賛成に回り、その後も口をつぐんでいるのか。漁業協同組合が原発の成否を決めることは全国各地での経験からほとんどの人が知っていたはずである。それゆえ原子力推進派はまず漁協と漁師をターゲットに工作してくるし、大間でも実際そうなった。

「総会で勝ったことに安心したのが悪かった。その後、電発（電源開発の以前の略称）は有力者や個人に菓子折に札束を入れて頼んで回ったと聞いた。漁師が反対を言わなくなったのは、漁協が水産振興・個人・船着き場に金をつぎ込んだからだ。それがものを言えなくなった理由だ」

大間町の漁師で原発に反対する山本昭吾さんは言う。山本さんについては後述するが、自身も組合総会のあと仲間の漁師が次々と切り崩れていくのを見てきたと言う。一九八七年六月と翌八八年四月、大間・奥戸両漁協が原発調査対策委員会と原発対策委員会の設置受け入れを決定したとき、「自分の漁師としての役割は終わったと思った」とも山本さんは言う。山本さんはそれ以後、何年ものあいだ反原発を表立って口にすることはなかった。

第3章 大間町で反対する人——熊谷あさ子さんの闘い

熊谷あさ子さんの闘い

二〇〇六年（平成一八年）五月一九日。大間町へ函館の市民視察団が出かける前日のことだった。私は、それまで大間原発建設計画に無関心だった函館市民のなかから関心をもつ人が徐々に増え、今では少なくない数の函館市民が大間原発を視察するために津軽海峡を渡るということによろこびを感じていた。しかしいっぽうで、ひとつ気がかりなことがあった。それは大間町で一人原発に反対する熊谷あさ子さんのことだった。反対運動を続ける熊谷さんの体調が優れないと二週間ほど前に娘さんから連絡があったのだ。

その頃の熊谷さんは大間町の住民たちから村八分同然の扱いを受けていた。小学校の同級生で地域の行事にも一緒に参加してきた友人でさえ、誰一人、熊谷さんと話す人はいなかった。小さい頃から歌が上手で歌手になりたかったという熊谷さんは一人娘で、祖父に家を継ぐようにと言われたため歌手になる夢は叶わなかったが、よく地元のカラオケで好きな曲を歌っていた。カラオケに一緒に出かける地元の友人も何人かいた。しかし原発のための土地買収騒動が持ち上がってからは、友人たちは人目を気にして熊谷さんに話しかけることも、まして一緒に行動することも避けるようになった。

大間町の原発反対運動ははじめ労働組合（地区労）と漁師がその中心を担っていた。しかし前章で述べたように町と電源開発の懐柔策で漁協が漁業権を売り渡した頃から漁師たちの反対運動はしぼみ、電源開発は水面下で原発用地取得を進めていく。そして住民が気づいたときにはほとんどの用地買収が終わっていた。

その頃から、残された未買収地を求めて電源開発の執拗な買収工作が熊谷さんに対して行なわれていった。当時はまだ組織を背景にした反原発活動をする人たちが少数いたが、反対運動は小さくなり、大間町のなかで原発反対を表立って言う人は少なくなっていた。狭い地域の地縁・血縁関係を利用して巧妙に原発推進工作をしてきた電源開発によって、地域住民たちはすでに見えない鎖に縛られていたのである。

腕のいいマグロ漁師だったという熊谷さんの夫・志佐夫（すさお）さんは一〇年前に六三歳で亡くなっていた。その志佐夫さんも原発には反対であった。熊谷さんの親戚筋でも原発に反対する人が多かったという。夫が亡くなったあと、大間原発建設工事が具体的になっても熊谷さんは反原発地主に徹し、表立った反対運動には顔を出さないものの大間原発に反対する姿勢を崩さず、自分の土地を電源開発には売らなかった。女性一人で闘うことへの懸念から町内の原発反対派や青森県で反原発運動を行なっている人々が熊谷さんへの支援を続けていたが、顔を出さない地権者ということで、函館で大間原発に反対し続けてきた私たちも熊谷さんに会ったのは二〇〇三年になってからだった。

熊谷あさ子さんの死

そんな熊谷あさ子さんの様子がおかしいという。風邪で入院したというのだ。函館市の隣町北斗市には熊谷さんと連絡を取っている熊谷さんの娘さん小笠原厚子さんがいた。小笠原さんは熊谷さんの様子が気になるとすぐに大間にかけつけていたが、そのときは腰痛がひどく、すぐには大間に向かえなかった。もともと熊谷あさ子さんはとても元気な人でいつも大きな声で笑い、話し、エネルギーに溢れていた。その熊谷さんが風邪で大間町の病院に入院したというのが私には信じられなかった。入院の連絡から数日がたっても回復したという情報は届かなかった。

不安のまま迎えた視察団出発の前日金曜日の夜遅く、「熊谷さんがむつ市の病院で亡くなった」という連絡が入った。衝撃だった。あの元気な熊谷さんがどうして風邪で亡くなってしまうのか信じられなかった。

体調が優れないと聞いたときから、私は函館の病院に転院できないものかと思っていた。大間町の人たちは面倒な病気が疑われるときにはむつ市か函館市の病院に行くとこれまで聞いていたからである。まして熊谷さんが最初、二週間前に入院したという町立大間病院は当時電源開発の現地事務所の真向かいにあり、電源開発からの多額の寄付で運営されている病院だった。そのような病院にいることは熊谷さんにとっても不本意であったろうことは私にも容易に想像できた。

いったい何が原因で亡くなったのか。知らせを受けた時点では死因もはっきりしていなかった。函館の病院で診察と治療を受けることができたら助けられたのでは、あるいはむつ市の病院にもっと早く行くことができなかったのか、どうしてどうして……と一晩中私は考え続けた。そして翌朝、竹田とし子さんと私は津軽海峡フェリーターミナルにかけつけた。

竹田さんは当時「ストップ大間原発道南の会」の副会長で、これまで熊谷さんや小笠原さん、そして大間町の人たちと一緒に大間原発を止めるため活動してきた仲間である。お互い子どもをもち、一九八六年のチェルノブイリ原発事故のときから原発の恐ろしさに目覚め、原発反対運動を一緒に続けてきた。

実はこのとき、私自身体調を崩しており、この第二回市民視察団への参加はしないことにしていた。しかし、これから大間に出かける人たちにどうしても会っておきたかった。フェリーに向かう車のなかで熊谷さんの死因について話しながら竹田さんと私の頭のなかは、これからの大間原発の反対運動がどうなっていくのだろうかという不安でいっぱいだった。

フェリーターミナルには続々と市民視察団の参加者が集まってきていた。熊谷さんが亡くなったことは参加者には内緒にしていようと決めていた。

古いフェリーターミナルの待合室は狭く、フェリーの乗船時間を待つ人でごった返していた。三々五々集まってくる参加者には初めての大間町訪問に興奮気味の人もいる。私たちのもつ雰囲気も普通ではなかったのだろう。ただならない気配を感じていたと後に参加者から聞いた。私たちは言葉少なに大間に向かう二十数名の参加者たちを見送った。

そして翌日、「ストップ大間原発道南の会」の大巻忠一会長、竹田とし子副会長、運営委員の私の三人で大間町に向かった。日曜日のその日は熊谷さんの火葬の日で、私たちは参列させていただけることになった。フェリーで大間町に着き、急いで向かった火葬場で私たちは熊谷さんと最後のお別れをさせてもらった。あの元気な人が、どんな力にも屈服せずに生きてこられた人が、冷たい台の上に静かに横たわっていた。農作業で日に焼けた顔も、意思の強さを表わすような強い髪も生前そのままに、そこに寝ていた。飼い犬を軽トラックに乗せてどこにでも出かけた熊谷さん。函館のカラオケではきれいな声で美空ひばりを歌い続けた熊谷さん。私たちの歌う歌を「あんたら下手だべ」と笑った熊谷さん。生前お会いした熊谷さんの笑顔と言葉がよみがえる。下北弁でとつとつと語る言葉は勢いがあり、人を魅きつけてやまないものだった。このエネルギーはどこからくるのだろうといつも私は感心していた。

これまでのことを思い起こし、私は熊谷あさ子さんに「おつかれさまでした。そしてありがとうございました」と心のなかで声をかけて手を合わせた。

それから私たちは大間町の隣村佐井村の仏ケ浦(ほとけがうら)近くに向かい、海岸沿いの地層などを見た。そして帰る前にもう一度熊谷さんに手を合わせていこうと熊谷さんのお宅に焼香にうかがった。もう灰になってしまった熊谷さんに、これからもあなたの意思を継いで大間原発を止めるために力を尽くしますと約束した。

熊谷さんの家を出てフェリーに向かおうとすると、娘さんの小笠原厚子さんが私たちを追って出てきた。腰痛がかなりひどくて歩けないと聞いていたが、なんとか痛みに耐えて数日前から大間に来ていたという。長女である小笠原さんは昨夜、兄妹を集めてこれからのことを話したと言った。

熊谷さんがもっていた土地は電源開発が喉から手が出るほどほしい土地である。熊谷さんが亡くなった今、残された兄妹に電源開発が買収工作をかけるだろうことは目に見えていた。これまで熊谷さんは一人で土地を守り、家族を前面に出すことなく闘ってきた。これから小笠原さんをはじめとする子どもたちが残された土地をどのように考えているのか——それは私たちが一番聞きたいことでもあった。

熊谷あさ子さん

小笠原さんは兄妹を前に、母の残した土地を守り続けること、絶対に電源開発には売らないことを約束させたと言う。歩けないほどのひどい腰痛の体をおして大間に駆けつけ、そして熊谷さんの遺志を守ることを決めた小笠原さんの強い思いに私は心を打たれた。そして子どもたちが残された土地を売らないことを決めてくれたことにひとまず安心した。

ツツガムシ病という病

葬式が終わった時点でも熊谷あさ子さんの死因は不明とされていた。しかしその夜、フェリーで函館に戻った直後に知人から「ツツガムシ」のことをネットで調べてほしいという連絡がきた。熊谷さんが亡くなるまでの症状がツツガムシの感染症によく似ているのだという。それでもっと詳しく知りたいとのことだった。「ツツガムシ病」はツツガムシというダニが媒介する感染症で風土病である。青森県もその風土病の指定地域になっていて、県のホームページにもツツガムシについての注意が出ている。ネット調べてみると次のような説明があった。

つつが虫病という感染症

つつが虫病の原因菌はツツガムシというダニがもつリケッチアで、ツツガムシに草むらなどで刺される(吸着される)と、菌が体内に入って発症します。治療が遅れると重症となり、死亡することもあります。感染しやすい時期は、ダニの活動する春〜初夏と秋〜初冬の二つの時期で、最近は毎年五〇〇人程度の報告があります。症状の現れ方は、刺されて五〜一四日の潜伏期ののち、三九度C以上の高熱とともに発症し、皮膚には特徴的なダニの刺し口(かさぶた)がみられ、その後数日で体幹部を中心に発疹が出ます。発熱、刺し口、発疹は主要三徴候と呼ばれます。

倦怠感(けんたいかん)、頭痛、刺し口近くのリンパ節あるいは全身のリンパ節の腫脹(しゅちょう)(はれ)も多くみられる症状です。重症例では播種性(はしゅせい)血管内凝固症候群や、多臓器不全で亡くなることもあります。

(岸本寿男　岡山県環境保健センター所長)

熊谷さんは亡くなる二週間ほど前から風邪の症状があり、いつまでも改善しないため五月一五日、町立の大間病院に入院した。しかし病院では熊谷さんの症状の原因は不明で治療法がわからないと言われ、何の治療も受けていなかったという。「ストップ大間原発道南の会」では五月二〇日には第二回の市民視察団の大間訪問をひかえ、熊谷さんと何度か連絡をとっていた。そこで本人から聞いていたのは「熱があるが原因はわからない」ということであった。

熊谷さんが亡くなられたあと、ご家族から熊谷さんの首に赤黒い傷口があったと聞いた。ツツガムシに噛まれた傷口に酷似していたという。病院や医師のいない僻地に住んでいるのならともかく、人口六〇〇〇人弱の町に住み、町立病院のある町で風土病であるツツガムシ病が治せないのだろうか。私にはそんな疑問がわき上がった。五月二二日の『北海道新聞』に熊谷さんの死亡記事が掲載された。

〈訃報〉熊谷あさ子さん（くまがい・あさこ＝大間原発建設予定地の地権者）

一九日午後一〇時二九分、青森県むつ市の病院で死去、六八歳。死因は不明。青森県出身。自宅は青森県大間町。葬儀・告別式は二三日午前一一時から大間町、福蔵寺で。喪主は二男正彦（まさひこ）さん。

「大間にはマグロやコンブがとれる宝の海がある」と、電源開発（東京都）が計画中の大間原発に反対。土地買収を拒否し続け、電源開発は炉心の位置をずらすなど異例の対応を迫られた。土地の明け渡しと工事さし止めをめぐり、双方が訴訟合戦を繰り広げていた。

（『北海道新聞』二〇〇六年五月二二日、共同通信配信）

『北海道新聞』には「死因は不明」と書いてある。翌五月二三日、『電気新聞』という業界紙にも小さな記事が掲載された。

大間原子力発電所建設反対派住民の熊谷あさ子さんが一九日、播種(はしゅ)性血管内凝固症候群のため青森県むつ市の病院で死去した。六八歳。青森県大間町出身で、大間原子力発電所を巡る訴訟の当事者。

(『電気新聞』二〇〇六年五月二三日)

大間反対派の熊谷さん死亡

大間町の熊谷あさ子さんは「播種性血管内凝固症候群のため青森県むつ市の病院で死去した」とある。「播種性血管内凝固症候群」とはツツガムシにかまれたあとに起きる症状で、虫のもつ毒が血管に入り血液を凝固させて起こる。手当が遅れれば最終的に死にいたる。前述の知人の推測でツツガムシ病を疑ったがその確証があったわけではない。どの新聞も、まだ死因を特定できないでいたのに、業界紙である『電気新聞』だけがなぜ熊谷さんの死因を特定し発表できたのだろう。

熊谷さんが死亡したのは五月一九日の金曜日、午後一〇時二九分である。ツツガムシ病は風土病であるため、病院は管轄の保健所への報告義務がある。金曜日にツツガムシ病で死亡したとすると、病院は月曜日には保健所に報告していたと思われる。しかし、五月二二日(月曜日)の『北海道新聞』の記事では死亡原因は不明となっている。そして翌日、五月二三日(火曜日)の『電気新聞』には、死因は「播種性血管内凝固症候群のため死去」とある。

通常、新聞記者が取材して紙面に記事として掲載するには一定の時間が必要である。月曜日に

『電気新聞』に掲載された熊谷さんの死亡記事［下段の矢印の部分］

保健所に取材し、記事にして紙面に載るのは翌日である。とするとこの記事は月曜に取材したと思われる。病院は死亡原因を親族以外には公表しないのが原則である。『電気新聞』は病院で亡くなられた熊谷さんの死因が保健所に報告義務のあるものとの認識をどこで得たのであろうか。病院で亡くなる人は多いが、その死を保健所に報告する例は少ない。亡くなった人の死因を知るには親族に聞くのが普通であるが、この時点で関係者の誰も熊谷さんの死因を知らなかった。

では青森県の地元紙『東奥日報』は熊谷さんの死をどう報じたか。熊谷さんが亡くなった二〇〇六年は、電源開発が熊谷さんの土地の買収をあきらめ、炉心の位置を二〇〇メートル移動して新たな設置許可願いを経産省に提出しているときであった。大間原発の建設に歯止めをかけていた熊谷さんの死は、青森県にとってはとても大きな出来事である。にもかかわらず、その熊谷さんの死亡原因が青森県の新聞に載るのは翌月、六月三日のことだった。

ツツガムシ病で下北の女性死亡

県保健衛生課に二日までに入った連絡によると、下北地方に住む六〇代の女性がツツガムシ病に感染、死亡していたことが分かった。県内での感染は今年入って五例目。死亡したのは二〇〇二年十一月いらい四年ぶり、七例目になる。

女性は下北地方の山地で、ツツガムシ病に感染したとみられ、感染日時は不明。五月十日に発熱を訴え、十五日にむつ保健所管内の医療機関を受診し入院。十九日に死亡した。

（『東奥日報』二〇〇六年六月三日）

五月二二日の『北海道新聞』では熊谷さんの死因を不明としていた。六月三日の『東奥日報』では下北地方に住む女性がツツガムシ病で死亡と掲載した。ほかにツツガムシ病の死亡者はいないのでこの女性は熊谷さんである。風土病は罹患したときは死亡のいかんにかかわらず医師が管区内の保健所に報告する義務を負う。とすればむつ保健所はいつの時点で熊谷さんの死亡とその原因の報告を受けたのか。むつ市の病院は熊谷さんが死亡するときにその原因を特定できていたのか。いやその前に入院していた大間病院では一五日の入院からむつ市の病院へ救急搬送する一九日まで、どのような治療を行ない、どういう病名をつけていたのか。家族からの話では、大間病院の診断は「原因不明」ということであった。

それではいつの時点でツツガムシと特定されたのか。容態が急変した一九日の朝、なかなか救急車が来なかった。昼になってようやく救急車が到着し、むつ市の病院に救急搬送された。病院では死亡が確定したその夜、死因不明と家族に説明した。もちろんカルテを見れば一目瞭然なのだが、そのカルテの開示請求は家族に限られている。二〇一二年一〇月現在、家族のカルテ開示請求はストップしたままである。

二一日の時点では家族さえもツツガムシ病であることを知らなかった。もちろん新聞で大間原発の敷地に土地をもつ熊谷あさ子さんの死は大きく扱われたが、その死は原因不明とある。『電気新聞』は五月二三日に「播種性血管内凝固症候群」を死因としてあげている。その情報をどこから手に入れたのだろうか。いまだにわからないミステリーである。

〈あさこはうす〉——一人の女性の孤独な闘い

二〇〇五年五月に熊谷あさ子さんが亡くなったあと、原発建設に反対するために熊谷さんが自分の土地に建てたログハウス——通称〈あさこはうす〉は、反原発運動のシンボルとなった。二〇一五年現在、娘さんの小笠原厚子さんが全国の支援者の応援を受けながら、オフグリッドソーラー(太陽光発電)を設置したログハウスの手入れや草刈りなどを行なっている。そうした小笠原さんの活動を見ていて、亡くなられた熊谷さんが望んでいたのはこのような形の応援だったのではなかったかと今になって私は気づいた。たくさんの人にログハウスを訪問してほしい、みんなで集まってこの土地を守りたいと生前熊谷さんがたしかに語っていた。

熊谷さんが土地の買収に応じず〈あさこハウス〉を建てて電源開発に反旗を翻しているとき、大間町の人々は熊谷さんを村八分にした。そして一時期、熊谷さんを支援するのは労働運動を主体とする組織的な支援グループだけになった。あとで詳しく述べるが、熊谷さんがログハウスを建てた土地と町道をつなぐ道路（私道）をめぐる電源開発との〈共有地裁判〉では、この支援者たちが熊谷さんの裁判に深く関わることになった。しかし熊谷さんは和解直前に彼らと決別し、一人で別の裁判を起こす。そこに一人で闘う強い女性熊谷さんの孤独を見る。

原発敷地内にある〈あさこはうす〉

熊谷さんへの土地買収攻勢のときにも町内では電源開発による反対派住民への工作は続いていた。たとえばそれは子どもの就職だったり、漁の手伝いだったり、地域行事への寄付だった。小さな点から町民との繋がりをつくり、金と力を背景に次第に地域全体へとその勢力を広げていくのである。

電源開発や町の攻勢に負け、原発容認に傾いていった町民たちは、「あさ子が土地を売らないから学校が建たない」「保育園が建たない」と熊谷さんを非難したという。昔からの友人で熊谷さんと話したいと思う人も周りの目を気にして熊谷さんを避けるようになっていった。「原発に反対している人」とカッコ付きの熊谷さんを訪ねる人はいなくなり、知り合いも道で会っても目をそらすようになった。小さな町でいわゆる「村八分」状態になっていた熊谷さんの孤独を思うと、あのときなぜもっと熊谷さんを訪ねて話を聞いたり、励ましたりすることができなかったのだろうかと思う。

一人の女性が土地を子どもや孫に残したいと売らないでいてくれる。友人とのあいだにも距離ができ、町内で話す人もいない長い時間を一人で耐えた熊谷さん。夫が先立ったあとも一人で原発反対を貫き、土地を守り続けた人。訪ねると激しい言葉で電源開発や町の推進派がどのようにして自分に働きかけたかを語った人……。

いや正直にいえば、もし熊谷さんを訪ねていたとしても、私は何もできなかっただろう。畑を耕しイチゴを育てる熊谷さんを前にしても私は畑作業を手伝おうとしなかった。反原発運動グループの一員として大間町を訪ねる自分の立場をまず考えてしまい、熊谷さんと直接話すことはできないと勝手に思っていた。なぜあのときの自分はそう思ったのだろう。

孤独な闘いを強いるもの

私は熊谷さんの強い面だけを見ていた。畑を耕し、船を操り魚や海藻を獲って普通に暮らす女性としての熊谷さんが見えていなかった。それは私が〝運動〟のために熊谷さんに会っていたからだ。大間原発に反対し、チラシをまき、大間町を訪ねてはいたが、私は自分の意思を前面に出していなかった。チェルノブイリ原発事故後、大間原発に反対する思いだけで〝運動〟に恐る恐る近づいていった私だった。〝運動初心者〟の私に何ができるのか、常に自分に問いかけながら、チラシを配り、大間に通っていた。

いま思うと、そうした運動のなかで自分自身に「枠」をつくっていたのかもしれない。あのとき、もう一歩踏み込んで同じ一人の女性として母親として熊谷さんと向き合っていれば、と後悔する。そうできなかったのは自分自身の問題でもあったのだ。そのことについてはもう少し述べてみたいが、その前に電源開発と熊谷さんの〈共有地裁判〉について記しておこう。

土地をめぐる裁判──〈共有地裁判〉

熊谷あさ子さんの土地は戦後国から住民たちに解放された土地で、町道からそれぞれが所有する土地に向かうための道路がつけられている。その道路は土地の所有者たちの共有地となっていた。電源開発が土地の買収を始めたときは、本人死亡による遺産相続や譲渡等により土地所有者は代替わりしていて相続人が大間町を離れていた人も多かった。電源開発は日本各地に分散している六〇〇人を超える地権者を一人ひとり訪ね、土地の買収実績を積み上げた。そして九九パーセントの土地を取得してから、その土地につながる共有道路の買収に取りかかった。大間町の高台に広がる熊谷さんたちの土地につながる道路（共有地）のそれぞれの持ち分に応じた買収を受け入れるよう裁判に訴えたのだ。この裁判は青森市で起こされ〈共有地裁判〉と呼ばれた。大間原発に反対する地権者たちと熊谷さんは一緒にその裁判を闘ってきた。

しかし、自分の土地も共有地も電源開発に売るつもりがなかった熊谷さんは、共有地裁判の進め方に納得がいかなかった。この裁判は、相続した土地の買収に応じた人も応じない人も同じ土地（道路）を共有することになるため、大変複雑な裁判となっていた。そうした裁判が進むなかで熊谷さんはその時々の状況をすべて把握していなかったのではないかと思われる。

青森市で行なわれていた勝ち目のない裁判の最終段階で弁護団がようやく和解にもち込み、あとは土地をもつ当事者の同意書を集めるだけになった。もうすぐ和解成立というこのときに、どうしても土地を売りたくないと熊谷さんが主張したのである。最後まで土地を売るつもりのなかった熊谷さんにとって、和解とはいえ土地の売買を承諾する印鑑を押すのは大変な背信行為に感じられたのだと思う。電源開発とほかの被告たちによって和解の手続きが進むなか一人だけその手続きを中断した。その結果熊谷さんは、電源開発に土地は売らないが共有地の和解には応じることにした人たちと袂を分けることになった。

それには私たち函館の市民グループも驚かされた。ほかの地主たちと袂を分けることになった直後、熊谷あさ子さんは娘さんの小笠原厚子さんと二人で函館にくることになった。おそらくそのとき熊谷さんは大間町での孤立無援の闘いになることを覚悟していたのではないかと思う。

熊谷さんが組織で闘っている裁判から一人降りたいと言った真意を函館の会の人間も理解しなかった。熊谷さんが函館に来るにあたって〈ストップ大間原発道南の会〉の男性会員が私に言った言葉が忘れられない。「女同士で熊谷さんと仲良くして気持ちを和ませるように」と言ったのだ。

なぜ女同士なのか。日本には女性にしかわからない言葉があるとでもいうのだろうか——私はそんな思いにとらわれた。そして今から思えば、あのときなぜ誰も熊谷さんが最後まで土地を売らないでいることに賛同しなかったのだろうか、熊谷さんが和解の押印を拒んだ心意気をなぜ誰もわかろうとしなかったのか、という疑問が湧く。熊谷さんの土地売買を拒否する頑固な姿勢が、その後の函館で起きている二つの「大間原発建設差し止め訴訟」につながっているのである。熊谷さんの頑固さがなければ、大間原発に反対する運動はもっと違うものになっていたのではないか。しかし当時、ほとんどの関係者は熊谷さんの言動を〝女性の感情論として反対している〟としか捉えていなかった。

そのときの疑問は私自身にも向けられなければならない。当時、熊谷さんが印鑑の押印を拒み、それを困ったことだと話す人たちを前にして、私は伝える言葉をもたなかった。ただ、そのときはっきりと思いいたったことは、ここには〝ジェンダー〟(社会的性差別)があるということだった。女性である熊谷さんに対して代理人である弁護士を含めてあいだに立った男性たちは、和解にいたる道筋をきちんと説明していたのか疑問が残る。少なくとも熊谷さんが、なぜ和解し押印をしなければならないかを理解していなかったのは確かである。「こうしておけばよい」「まかせておけば間違いない」といったような、上からの権威主義・父権主義的な流れが説明を省き、結果として熊谷さんを押さえつける格好になったのではないだろうか。しかしそのことを周りにきちんと説明できず、熊谷さんにも何も伝えられないまま私は黙してしまった。

そのとき、組織も含めて周りの人たちはなぜ熊谷さんが最後の最後で共有地裁判を降りたのか理解できなかったと思う。あるいは理解しようとしなかったのだと思う。日本の運動には女性の発言をまともに取り上げない男性中心の権威主義的な活動の歴史があるように私には思える。それが今も続いているのだ。それこそが市民運動の広がりを抑制し、若者を含めて平等な社会を求める人たちとのあいだに軋轢を生じさせてきたのではないか。それがときに閉鎖的で保守的な組織の温床となってきた。

原発反対運動も例外ではない。組織的な闘いの一環としての共有地裁判では、大勢が決めたことに従うべきで、自分の考えを持ち込むのは越権行為となるのだ。目的のためにすべてを捨て個人はないものとする組織的運動論である。この運動の歴史が戦後社会の改革を阻み労働運動、学生運動、市民運動がまとまらず大きな広がりにならなかった遠因の一つではないかといま私は思う。お互いの立場の違いを乗り越えるために必要なのは、父権主義的な上からの力ではなく、違いを認め合うための理解と思いやりでなければならない。

原子力資料情報室へ

その後、熊谷さんは知人を介して東京にある民間団体〈原子力資料情報室〉を訪ねた。原子力資料情報室のスタッフは、熊谷さんのために東京の河合弘之弁護士を紹介した。

原子力資料情報室のスタッフの一人、澤井正子さんは熊谷あさ子さんと大間町で面識があった。熊谷さんと初めて会ったときのことを澤井さんは次のように話す。

「大間町で土地を売らない地権者がいることは知っていました。だから大間原発は反対している地権者がいるから大丈夫、って思い込んでいましたね。そのため（原子力情報資料室としては）六ヶ所再処理工場の反対運動のサポートにかかりきりでいいと思っていました。ところが二〇〇三年に電源開発は設置許可(旧版)を保留状態のまま、原子炉の位置を南に二〇〇メートル移動することを公表した。熊谷さんの土地は原子炉から一〇〇メートルしか離れていなかった。熊谷さんの土地とほかにも全体で二パーセントになる未買収地を残したままで、一九九九年に電源開発は原子炉設置許可申請し、国もそれを受け取るという、とても考えられないことが起こった。原発建設予定地の真ん中に民有地があるのに原発を建設するのはおかしいと思い、これは国政の場に持っていかなくてはい

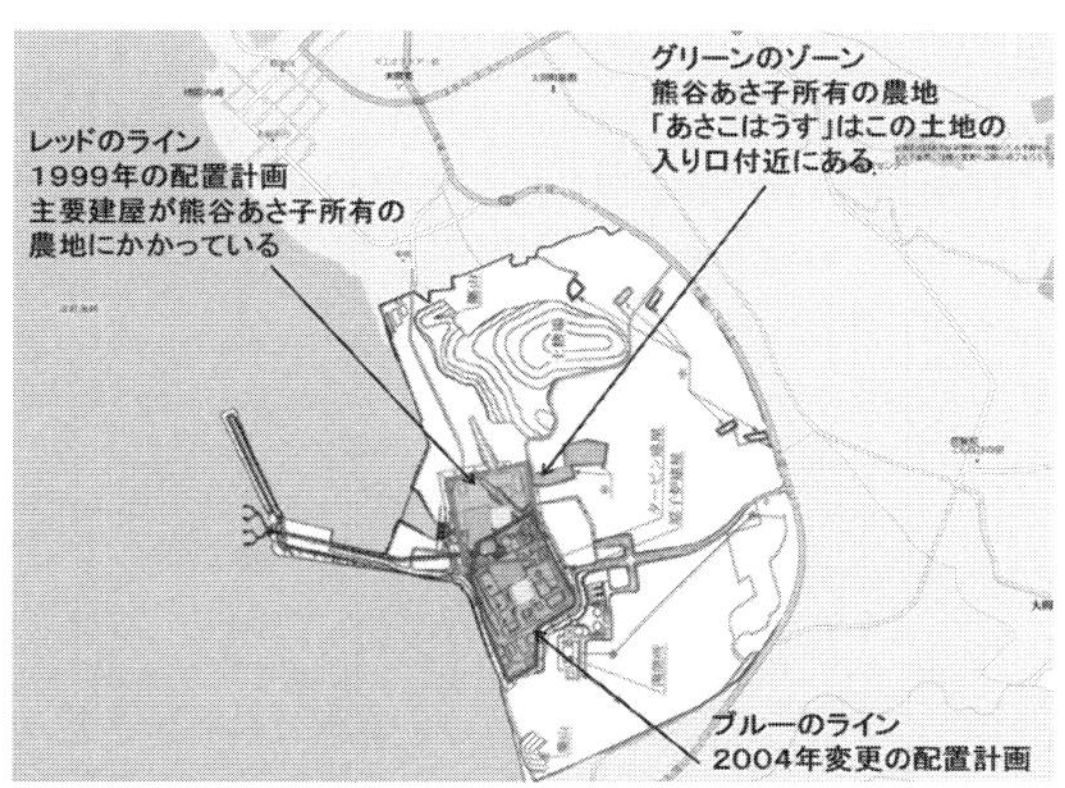

大間原発の敷地の変更[「Shut泊」の〈あさこはうすレポート〉より]

上:〈あさこはうす〉から大間原発を望む
下:〈あさこはうす〉に続くフェンスに囲まれた道

けないと女性議員と一緒に熊谷さんを訪ねたのが最初でした」

〈共有地裁判〉における司法の問題点

日本の裁判の複雑さについて私は二〇一〇年に提訴した「大間原発建設差し止め裁判」の当事者(原告)となって初めてわかったのだが、裁判がどのように進んでいるのか、当の原告自身がその状況を正確に把握するのはかなり難しい。

〈共有地裁判〉の場合、熊谷さんは電源開発から共有地を売却するように訴えられた被告である。訴えを起こした原告である電源開発から訴状が届くと、被告の代理人である熊谷さん側の弁護士は、原告からの訴状を被告熊谷さんに示し、説明する責任をもつ。しかしこの共有地裁判のように多くの人が関わる裁判では被告が訴状のすべてに目を通すことなく審理が進むことも珍しくない。熊谷さん自身がこの裁判の過程をどこまで正確に知っていたか、はなはだ心もとない。だから最後の和解の場面で自分が土地を売ることになっていることを知り、それは意志に反すると印鑑を押すのを拒んだのだろう。初めて裁判に関わってみて私自身、裁判所で交わされる書面に書かれている文章の意味がすぐにわかったことなど一度もない。このことは日本の司法制度が専門家だけを相手にしていて一般市民を置き去りにしているからだと私には思える。

河合弁護士は事務所を訪ねてきた熊谷あさ子さんと話し、熊谷さんの迫力と一本気なところにすぐに惚れ込んでしまった。そして〝熊谷さん一人の共有地裁判〟が始まり、河合弁護士や澤井さんの青森訪問が続く。

青森市で開かれる裁判のために、熊谷さんは朝のフェリーで函館港に降り、JRの函館駅から汽車で青森駅に向かうというルートで青森地裁に通った。その裁判の支援をしたのが「大間原発訴訟の会」の前身「ストップ大間原発道南の会」であることから、熊谷さんの代理人の河合弁護士も函館に立ち寄る機会が増え、函館の住民による大間原発の市民裁判へと繋がっていった。

それを思うと、和解を拒んだ熊谷さんの意思こそが今の〈大間原発差し止め裁判〉に繋がっているのである。その裁判に向けた「大間原発訴訟の会」の発足・活動が、二〇一四年四月に提訴された日本で初めて地方自治体が国と事業者を訴えた函館市による「大間原発建設差し止め訴訟」に影響を与えたことも否定できないだろう。熊谷あさ子さんは亡くなられたが、その意思がこのような形で大間原発を止めようとする確かな動きに繋がったのである。

自分で裁判を起こすまで熊谷さんはマスコミの取材には匿名を条件に応じていた。しかし、「本当に原発を止めたいのなら、顔の見える訴えが必要」と河合弁護士に言われ、二〇〇五年六月七日、記者会見に列席した。顔と実名を出すようになったのはこのときからである。熊谷さんが提訴した裁判の地元紙の第一報は次のようなものである。

大間原発建設「反対姿勢貫く」差し止め訴訟の女性

大間原発建設を計画している電源開発を相手取り、工事差し止めを求める裁判を起こしている大間町の漁業、熊谷あさ子さん(六七)が七日、訴訟代理人の河合弘之弁護士とともに県庁で記者会見し、訴訟を通じ、原発建設阻止に向けて最後まで闘う姿勢を示した。

原発予定地に個人所有地と共有地を持っている熊谷さんは「(原発建設に反対しているのは)孫や子や町の将来のため。原発計画で人間関係も破壊された」としたうえで、「カネで代えられないものがあることに町民は気づくべきだ。私は地元の良さを十分に知っており(原発反対を)今さら引く気はない」と強調した。

(『東奥日報』二〇〇五年六月八日)

熊谷さんが一人で起こした裁判は大方の予測通りに青森地裁で負けた。上告した仙台高裁でも敗訴したが、その最後の意見陳述で熊谷さんは「土地を絶対売らない。共有地部分も売らない」と強い意志を述べた。そして最高裁へ特別抗告したが却下され、最後は熊谷さんの敗訴で終わった。今、〈あさこはうす〉が建つ熊谷さんの土地は原発敷地の内側に巻き込まれるようにフェンスで囲まれて〝原発の敷地外〟ということにされ、大間原発は建設許可がおり、その土地を残したまま巨大で危険なフルMOXの大間原発が建設されている。

映像に残る熊谷あさ子さん

二〇〇六年(平成一八年)三月一三日、青森県下北半島六ヶ所村にある六ケ所再処理工場でアクティブ試験が開始された。「再処理工場」とは日本各地の原発から出てくる使用済み核燃料からプルトニウムを取り出す工場であり、「アクティブ試験」とは再処理工場の最終段階での試運転のことである。アクティブ試験では燃え尽きた燃料棒を剪断し硝酸でドロドロに溶かしてプルトニウムを取り出すのだが、その過程で多種多量の放射性物質が出る。このアクティブ試験に対する反対運動が全国で起き、六ヶ所村にも全国から反対運動を展開する人たちが集まった。

原子力資料情報室の澤井正子さんもアクティブ試験の抗議に東京から六ヶ所村まで行っていた。その抗議行動に出かけようとしたとき、ちょうど熊谷さんから自分の土地の放射能を計りたいから来てくれと連絡があった。澤井さんは六ヶ所村から、レンタカーで大間町に向かうことにした。そのとき六ヶ所村を撮りにきていた映像作家が一緒に大間に行きたいと言って同乗した。

その映像作家が撮った映像のなかに熊谷さんが映っている。いつもの畑で澤井さんと話す様子や、同じ原子力資料情報室の上澤千尋さんが放射能を測定する様子などとともに。映像には建設途中だった〈あさこはうす〉も映っている。原発敷地内にはまだフェンスもなく、松の木や灌木の生えた草地が敷地の奥に広がっていた。

土地買収にからむ狂言強盗

熊谷さんの身近なところで電源開発の土地買収にからんだ〝事件〟も起きた。二〇〇二年(平成一四年)一〇月の原発建設用地の買収資金七〇〇〇万円の強盗事件である。あらましはこうだ。

高級乗用車が乗り捨てられているのを不審に思った人が、車のなかを見るとガムテープを巻かれた男が二人いた。その二人の男が「カネを盗られた。警察に連絡してくれ」と言ったのが発端だった。むつ市の不動産業者が、大間町に向かう道で強盗に遭い現金を盗られたというのである。しかしこの事件はその後〝狂言強盗〟だったことが判明した。

実弾、車内で発見　「漁船売買」相手が否定　大間町の強盗

大間町の短銃強盗事件で、むつ市の土木建設会社の役員（五〇）と社員（五一）が襲われ、乗用車内から発砲されたと見られる実弾が見つかり、車の鍵がなくなっていたことが県警の調べで分かった。一方、二人が県警に「奪われた七千万円はマグロ漁船の買い付け資金だった」と説明していることについて、取引相手とみられる同町の男性は二四日、朝日新聞の取材に対し、被害者らとの間に船の売買の話はなかったと話した。県警捜査一課と大間署の調べによると、実弾は二四日、襲われた車の中で見つかった。襲撃した三人組の男のうち、一人が発砲したとされる短銃の実弾と見られる。また、車の鍵がなくなっており、県警では、逃走時間をかせぐために男らが携帯電話とともに奪った可能性もあるとみて調べている。

一方、被害者らの取引相手と見られる男性の話では、社員とは知り合いで、事件のあった二一日に町に来ることも事前に聞いていたが、目的は分からないという。

男性はイカ釣りのはえ縄漁船を所有しており、もともと現金払いなら船を第三者に売却する考えもあった。しかし、被害者らが男性の漁船を買うつもりだったという話は事件後に初めて知ったという。奪われた現金についても「全然知らない」と話している。

（『朝日新聞』二〇〇二年一〇月二五日）

この強盗事件の顛末について私は熊谷あさ子さんから直接聞いたことがある。「男たちは土地を買収してやると言って不動産屋の社長をだまし、金を用意させて自分のところ（熊谷さん宅）に来た

が私は売らなかった。それで男たちは盗まれたと言い、金だけ持って逃げようとしたんだろう」と言っていた。そのときの熊谷さんの話はあまりに荒唐無稽で私には信じられなかった。しかし二カ月後、熊谷さんの言葉が裏付けられたのだから驚いた。

消えた七千万円　青森・大間町の短銃強盗は自作自演（下北発）

本州最北の下北半島、青森県大間町で短銃強盗騒ぎが起きた。だが、逮捕されたのは「被害者」だったはずの会社員。容疑は横領。消えた七千万円は会社員が原発用地の買収名目で社長に用意させたと県警は見る。

マグロが最盛期を迎えた一〇月二一日の昼過ぎ。海岸沿いの空き地に濃紺の高級外車が泊まっていた。津軽海峡から強い風雨が吹きつけていた。

通りがかった漁師が、不審に思って近づいた。車内で男二人が粘着テープでぐるぐる巻きになっていた。

「警察へ連絡を」運転席の男が自分でテープをはがして訴えた。助手席の男はカーステレオの辺りを指した。「短銃で、ここを撃たれた」。弾痕があった。漁師は「自分ではがせるのはおかしい」と思いつつ警察に通報した。

（『朝日新聞』二〇〇二年一二月一九日）

警察によると二人の男はむつ市の建設会社社員と元社員で、事件を起こす前、周りに原発の土地を買うと吹聴していたという。建設会社の社長に金を用意させ、熊谷さんの言ったとおり買収目的で本当に熊谷さん宅を何度か訪ねていた。しかし、熊谷さんが突っぱねたため、買収をあきらめたものの用意した金を返すのが惜しくなって狂言強盗を働く結果となったようである。結局なくなった七〇〇〇万円は見つからず、電源開発も関知していないこととして事件は終わった。

熊谷あさ子さんへの脅迫

狂言強盗まで起きた当時の大間町では、用地買収が難航するなかで地権者である熊谷さんへの脅迫事件も起きていた。「フネニイタズラスル」などと書かれた悪質なはがきが合計七通、熊谷さんの元に届いたのである。地元の新聞でも報道された。

「フネニイタズラスル」　反対地権者を脅迫？
用地交渉難航の大間原発で　悪質はがき計七通

大間原発を計画している電源開発への土地売却を拒否している同町の女性地権者の自宅に、脅迫まがいの悪質な内容のはがきが複数届いていたことが十五日、分かった。

「フネ(舟)ニイタズラスル」などと危害を加えることを示唆するはがきもあり、地権者は「私への脅しである」と憤慨している。

はがきは計七通で、いずれも匿名。「仕事がなく　家中親子四人困っています」「あなたのために困っています」などと計画遅れの責任を地権者に転嫁したもののほか、「をまい(お前)をかみさまに　いのりをかけています」などと脅迫めいたものもまじっている。

原発の予定地約一三二万平方キロメートルのうち、未買収地は約二パーセント弱。電源開発は一九九九年八月に未買収地を残したまま事業に着手。翌年二月から港湾、道路など発電所以外の準備工事を進めていた。はがきは、同社が今年四月に用地交渉の難航を理由に準備工事を中断してから届くようになったという。

女性地権者は「土地売却に同意させようという原発推進の作戦なのではないか。だれに、いつ何をされるのかわからない不安はあるが、原発には命がけで反対していく」と話している。

（『東奥日報』二〇〇一年六月一六日）

「フネニイタズラスル」
反対地権者を脅迫？
用地交渉難航の大間原発で
悪質はがき計7通
頭に砲丸7針縫う
部活中の女子陸上部員
青森西中

『東奥日報』に掲載された熊谷さんへの脅迫はがき

その頃の大間町では億単位の金の話が町中に溢れていたという。〝金にまみれる〟――そういう表現がぴったりの町になっていた。「あさ子を落としたら自分たちも電源開発から金が入る」という人たちがいろいろなことを触れ回った。「何億なら売ってくれるのか」と電源開発の社長が言ったという噂などが流れた。「お願いだから一基だけでも建てさせてくれ」と電源開発の社長が転勤前に頭を下げてきたと熊谷さんから聞いたこともある。町長が裏口から入ってくるのが一カ月も続いたこともあった。

〈原子力情報資料室〉の澤井さんは言う。

「大間は土地が広かったので建てられたけど、それにしても敷地のど真ん中に未買収地を抱えるなんて信じられないこと。どうしてそこまでするかというと、電源開発と国は何が何でも大間原発を建てようとしているということです。ほかの原発はたかが電気なんですよ。だから代替えがきくのね。でも大間はプルトニウムとの関わりがあるので、国は何があろうと六ヶ所(再処理工場)をやりたいのと同じで、何が何でも大間をやりたいのです。青森県にしたらすでにある東通原発一基分の電気で全然足ります。それくらいの電気しか青森県は必要じゃない。だから大間原発で電気をつくることなんか誰も期待していない。プルトニウムを燃やすために大間を建てるの。だから止められない。大間原発はそういう原子炉なんです」

カレンダーのなかの言葉

熊谷さんが亡くなられた二〇〇六年の秋、思がけない形で私たちは熊谷さんに再会することになる。〈ジョジョ企画〉というところが発行しているカレンダー「姉妹たちよ　女の暦　二〇〇七」の八月に熊谷あさ子さんが登場しているのである。

女が女であることを高らかに謳いながら、
道を拓いてくれた女たちへ、
愛と感謝をこめて。
女がつらなって生き、

つくってきた歴史のシッポに、
わたしたち今生きている女たちがいる。

そう書かれている〈女の暦〉のなかに熊谷さんの言葉「自然を大事にして、この海を守っていけば、将来どんなことがあっても生活できるべ。大金なんかいらない」が印刷されているのである。

写真はできたばかりのログハウス（あさこはうす）を背景にお孫さんと一緒に普段以上の笑みを浮かべている。この写真はたぶん二〇〇六年の春に撮ったものだろう。まだフェンスもなく広い空が広がっている。いつも運転していた軽トラックが後ろに写っている。子どもたちの未来のために原発はいらない、と闘ってきた熊谷さんの優しい笑顔が残されたこのカレンダーは私の宝物として、本棚の上の定位置に今も置かれ、熊谷さんの残した遺言として大切にしている。

第4章

大間町で反対する人々 ──市民グループと漁師たちの闘い

〈大間原発に反対する会〉──会長・佐藤亮一さん

一九九五年から二〇〇七年まで大間町議会議員を三期一二年間務めた佐藤亮一さんは、その間たった一人の〝反原発議員〟だった。一九六一年（昭和三六年）に林野庁の職員として大間営林署に転勤してきて以来、大間町奥戸地区に住んでいる。

奥戸地区の奥山はブナ林のなかにナラ・ホオ・カツラ・トチの木などの広葉樹が茂る鬱蒼とした森林である。佐藤さんは仕事柄山に詳しく、大間の名産であるヒバ林やスギ・アカマツなどの針葉樹林が広がるこの地を大切にしてきた。

佐藤さんが山を大切にしてきたのは木材のためばかりではない。豊かな森は海を豊かにする。森に降った雨は木の葉や土中のミネラルが加わって栄養豊富な水となり、川となって海に流れ込む。大間の豊かな海を育てたのは奥山だと佐藤さんは言う。大間の前浜は真昆布・モズク・イゴノリなど海藻の産地として名高く、昆布漁は町民の大きな収入源となっている。

ところがこの豊かな海が大間原発の建設計画で変わってしまったのである。原発建設許可も下りないうちから原発専用港の工事が始まって、潮の流れが変わった。港ができてからは昆布の生産量は一〇分の一に減ったという。もし大間原発ができて、海水より平均七度も高い温排水が原発から海に流されたら海藻類はどうなるのか誰にもわからないと佐藤さんは心配する。

原子力船むつの教訓

佐藤さんはまた、一九七四年(昭和四九年)に青森県の尻屋崎(しりやざき)沖で放射能漏れ事故を起こした〈原子力船むつ〉のことを大間町民は今も忘れていないと言う。

むつの事故は、進水式を終え試験航行に向かう途中で起きた。そのニュースは日本全体を揺るがし、事故の影響(風評被害)で、ホタテ養殖が軌道に乗ってこれからというときに陸奥湾のホタテの価格が大暴落した。原子力船むつの事故は下北半島に反核の大きな風を巻き起こした。

佐藤亮一さん

試験航行中に放射能漏れを起こした原子力船むつは地元住民の反対運動によって母港のむつ大湊港に戻れず、その後一六年にわたって日本各地の港をさまよい、一九九〇年(平成二年)、紆余曲折のすえに新設されたむつ市関根浜港にえい航された。そして「むつ」は一九九三年(平成五年)に原子炉を撤去され、一九九六年(平成八年)に海洋地球研究船「みらい」と名前を変えた。皮肉なことに「みらい」は二〇一一年(平成二三年)三月、福島第一原発事故の海洋汚染調査のために福島県沖にも派遣された。

原子力船むつの放射能漏れ事故は戦後初めて国内で発生した原子力災害だった。原子力船むつの事故を知っている漁業関係者は当初、大間原発建設の動きに強く反対したと佐藤さんは言う。

漁協の分断

大間町には大間漁協と奥戸漁協の二つの漁業協同組合があるが、電源開発や大間町は、原発立地の前提となる環境調査の同意を両漁協に求めるために、原発に反対する組合員の切り崩し工作を三年かけて行なってきたと佐藤さんは言う。具体的には電源開発の職員たちが昆布干しの手伝いや地域の行事に参加することで、個人的なつき合いに介入し、反対する住民たちを分断するようにした。それはいまだに尾を引いていて組合員のあいだに大きな傷を残したままだという。

また佐藤さんは、大間原発から三キロ圏内には役場・病院・消防など大間町の主要な施設がすべて入るうえ、原発で事故が起きたときの拠点となるオフサイトセンターの建設予定地もそこに含まれていることを危惧している(二〇一三年五月大間町議会はオフサイトセンターの立地を断念)。

三〇キロ圏内に広げると下北半島の三分の二の地域と対岸の函館市までが入る。大間町から東隣の風間浦村からむつ市に向かう国道二七九号線は片側一車線で、台風や大雨で度々土砂崩れを起こしている。西隣の佐井村を経由する国道三三八号線からむつ市に向かう林道は、未舗装で道幅が狭く冬の間は通行止めになる。大間原発でもし事故があればこの二本の国道に住民の車は殺到するだろう。それは救急車両も大間町に入ることができなくなるということだ。下北半島にはほかに避難道路の整備もなく、大間町民は逃げることができない。「そんな不安のなかで大間町民は暮らしている」と佐藤さんは言う。

佐藤さんは数年前に体調を崩したが、大間原発訴訟の裁判にはいまも欠かさず参加している。

──〈大間原発に反対する会〉──副会長・奥本征雄さん

二〇一一年(平成二三年)六月に行なわれた〈大間原発差し止め訴訟〉の第三回の口頭弁論の意見陳述で、「大間原発に反対する会」副会長の奥本征雄さんは次のように陳述した。

「原発が造られることによって地域が壊されていき、何世代も続いた町が壊され、そこに住む人の心が壊されていく。原発の建った地域では壊れた人たちが、生きていかなければならない。壊れた人間関係は時間と知恵で回復できるかもしれない。しかし、なくなったものは元に戻らない。原発を造ってしまい、もし事故が起きたらすべてをなくしてしまう」

奥本さんは郵便局員として大間町で長く仕事をしてきた。

「町の郵便局は町内のもめ事や細かな相談事などを気軽に相談できる町の交流点の一つでした。町内の人たちは窓口に季節の収穫物や旬の野菜などを届けにきてくれて、人と物が交差する場所でした。しかし町に原発計画が持ち上がり推進派と反対派の対立が表立ってくると、局内が一変しました。反対派と推進派は言葉を交わさず、郵便局を訪れる人も二分され、親しく言葉を交わすこともなくなりました」

村の人間関係の破壊──奥本さんはそれこそが原発の大きな罪であり、地域を変えてしまう原発の怖さなのだと言う。

大間町の人たちは一九七六年(昭和五一年)、大間町の商工会が原発建設誘致を議会へ請願することで初めて原発建設計画を知らされた。いま日本にある原発は五四基。大間原発は五五基目の原発となるが、それらの立地にあたって自治体が原発を建ててくれと要請して建設が認可されたのは大間町が初めてのことだった。商工会の原発建設誘致の請願を町議会が受け入れたのならということで、役場・町内会・婦人会・青年団・老人会・漁協など町の組織がすべて推進に回ったという。町が要請しているのだから町ぐるみでやらなければならないという横の連携が取れてしまった。当時はまだ原発の本当の怖さを知る人は少なく、労働組合(地区労)だけが原発に反対していた。

奥本征雄さん

漁協も推進派だった。しかし組合員一人ひとりに意見を聞いたわけではなく、とりあえず組合幹部が町と同じ立場に立ち、推進するということだった。そのため個々の漁師には反対の立場をとる者も多かった。福島原発ができて一〇年くらい経った頃で、大間の人たちもうすうす原発のことがわかり始めていた。二年前の一九七四年に原子力船むつが航行直後に尻屋崎沖で放射能漏れ事故を起こし、青森県のホタテの価格が暴落したことの記憶もまだ残っていた。大間ではこの放射能漏れ事故で目が覚めた人も多かった。

その頃、大間の二つの漁協の組合員は三〇〇人を数えた。郵便局に勤める奥本さんは一年間独自に原発について勉強した。そしてその成果を組合員たちに話し、漁師と力を合わせて原発反対の動きを広げていった。そうした反対運動が功を奏し、一九八五年(昭和六〇年)一月、電源開発と町は漁業協同組合の総会で原発調査対策委員会の設置を要請したものの、総会では正組合員の三分の二が反対に回って設置は否決された。そのときのことを奥本さんは次のように話す。

「電源開発と町にとって、よもやの漁民の反対だったのです。電源開発は漁業協同組合からの設置許可が出ることを一〇〇パーセント疑わず、祝勝会を用意していました。電源開発の事務所にはむつ市から料理や酒が運ばれ、お酌のために女性まで用意されていたと聞きました。小さい町だからそんなことまでわかるんですよ。電源開発や推進派の人間はそれまでの苦労を労い、祝う予定だったのが予想外の展開で反対され、設置許可は棚上げになってしまった。われわれ地区労や反対する漁民を侮っていたんでしょうね」

しかしそこから推進する側の態度が変わった。役場も電源開発も反対派の一人ひとりの切り崩しにとりかかったのである。反対しているのは社会党と組合員の一部だけだという噂が意図的に流された。そして労働組合員の言葉に煽動されているとして推進派の人々による組合員攻撃が始まった。また、漁協総会で賛成多数にもっていくために、金を使った様々な工作が仕掛けられた。

「どこの漁師町にもあるように、大間町の漁師にも地域ごとのグループがあり、その地域の人たちが助け合う繋がりができていました。祭りなど祝い事があるときは、呼んで呼ばれて酒を飲む。そこにはリーダー格の人間がいてグループをまとめているんだが、その人に狙いを定めて電源開発は動いたんだね。直接現金が動いた。友人はそのリーダーに呼ばれて、原発に反対していることをわかったうえで、『獲れなくなったマグロの変わりに原発に賛成して町を活性化させていこう』と協力を求められた。電源開発や町は漁業振興策として〈ブルーマリーン構想〉をぶち上げ、電源開発がそれが漁師の生活が楽になることだと説得してまわったんです。漁師もまた、漁がよくなって金も入って暮らしがよくなるという言葉を本気で信じていました」

もう一つ、漁師や商工会に用意されたのが、原発推進地域への視察旅行だった。推進地域への訪問とその近隣の温泉での宴会付きの旅である。費用はすべて電源開発持ちだった。そのため一度だけでなく何度も参加する人もいたという。先進地視察に出かけた漁師からは、原発立地区域でも海を捨ててはいないし、そんなに危険ではないという報告がもたらされた。しかし原発立地地域での漁というのは実際には遠く沖合での漁のことであった。原発が建った前浜の漁は壊滅的であった。

さらに電源開発は、〝電源開発丸抱えのスナック〟を繁華街に用意した。そこで地元の漁師はいつでも無料で飲んで食べることができたという。原発を建てるためなら電力会社・原発関係者はどんなことでもすると奥本さんは述懐する。

「金がないときでもそこに行けば酒も食べ物もただなんですよ。〝ただ酒より怖いものがない〟とはよく言ったものだと思います。それに慣れて、今度はほかの店で飲みたくなると電源開発に電話して担当者を呼び出し、今酒飲んでいるから来いと言う。電源開発の担当者もすぐにやってきて、今度はそこの店もただになるという構図だった。そういうことに人は慣れていくんだね。三年くらいそんなことが続いていた」

電源開発の様々な工作のなかで、漁師と電源開発社員とは抜き差しならない関係になっていく。

最初は漁師グループのうち反対派と推進派が八対二くらいの割合だったのが、やがて五対五となり、四対六になって逆転すると、反対派の人間は何も言えなくなっていった。そのようにして大間の町は声をあげない人で埋まっていった。

漁協総会から二年が経って

一九八五年のよもやの否決を決めた漁協の総会から二年後、一九八七年(昭和六二年)の総会の前日に「大間原発に反対する会」の奥本さんと佐藤会長は地区労の代表としてそれまでさんざん切り崩しにあってきた漁師の仲間たちと会合をもち、明日の総会をどうするかみんなで相談したという。メンバーは二年前と同じだった。会合の最後になってある漁師がこう言った。

「わ(我)が負けたら、奥本、お前たちはどうするんだ」

奥本さんは一瞬、言葉が詰まった。そのとき、「これですべて終わった」と思ったという。そして「負けたらしかたない」と言うしかなかった。佐藤さんも「私たちはこれからもずっと原発に反対してやっていく」と言うほかなかった。

「漁師は原発から温排水が流れたらどうなるか、放射能が漏れたらどうなるのかわかっているのになんで、と思いましたね。最初はわからなくてただ反対していたが、いまでは原発の怖さをわかっていながら賛成に回った。お金のありがたさもうまみもわかったんだろうと。いきなりトンネルの入口から出口になる言い方をするけれど、私はそのことをずっと言い続けたい。

原子力発電所を造ることで地域の環境が壊れていく。何十年も続いてきた村社会が壊れていく。

そこに住む人の心も壊れていく。だからその意味で原発が建っている地域の人々はほとんど壊れた形のなかで生活している。壊れたものは時間と知恵があれば一〇〇パーセントは戻らなくても、回復はできる。でも無くなったものは元には戻らない。原発は造る前にまず全部壊し、造ったあとも事故が起きれば全部無くしてしまう。日本に五四基の原発があるということは日本人全部が壊れているんだろう」

そう思うようになったと言う奥本さんは友人と話したときのことを語り始めた。

「原発があったほうがいいという友人に、『原発が好きなのか。原発で本当に働きたいのか』と聞くと、『働くところさえあればいい』と言う。『原発以外に何があるんだ』と。『それを一緒に考えよう』と言っても、相手は『明日のまんま（飯）はどうするんだ』と言う。今はとりあえず原発工事が始まってほっとしたと言っている（三・一一後中断していた大間原発工事は二〇一二年一〇月一日工事を再開）。

工事再開しても、また止まるかもしれないと心配しているし、仮に止まらなくても原発ができてしまえば工事が終わるわけで仕事はなくなり、また振り出しに戻る。そこまでわかっていながら、結局明日のことと、金がすべてになっている。経済とか地域の活性化なんて言葉にすりかえているがそうではない。友人に『そんなにも金が欲しいのか。金さえあれば友達も親もいらないのか。人間関係もいらないのか。金の亡者なのか』と言ってしまったことがある。もう喧嘩なんだけど同級生同士の気安さで、本音で言ってしまった。言ってしまってから自分でもそこまで言わなくてもいいのにと後悔しながら、それでも言ってしまった。原発は本当に人間関係を壊してしまう。先を見たらどんなことが待っているのか、なんでわかっていてやるのかと思うと腹が立つね」

いまも奥本さんは憤りがおさまらないようだ。奥本さんに聞いてみた。

「大間町に住む数少ない反対派の一人としてこれから何をしますか」

私の問いに奥本さんは言った。

「原発を止めるために何ができるかをいつも考えながら、それをやっています。漁師の人はもうわかっている。原発がだめなのは。どうすればしがらみを切れるのか、それを私は考えようと思います。金をもらったから何も言えないというだけでなく、漁師には負い目があるんじゃないかと思うんです。反対していた漁師は心のなかで、仲間を裏切って金をもらったことに対して自分で自分を責めて、いまさら何も言えないという思いを抱いているのではないか。そして金は使ってしまったという事実もある。時間が経ったからといっても、心のなかでその後悔は消えないのではないかと思う。良心的な人であればあるほど表に出せない思いを抱いていると思う」

原発反対から原発推進に変わった人のことを思いやる奥本さんは、二〇一一年三月一一日から自分でもう遠慮しないで大間原発に反対する運動をやっていこうと思ったという。

原発立地地域に住む人たちが目の前の欲望に流されていったのは間違っていたと言うのは簡単だ。しかし電源開発が漁師や町の人たち一人ひとりをターゲットにしてあらゆる手段で近づいていったとき、大間町から離れたところにいる私は、大間町民ではない私たちは、いったい何をしていたのだろう。原発立地に住む人の苦しみをどこまで理解していただろうか。それを思うと、電源開発につけ込まれた漁師や町の人たちだけを責めることはとてもできない。

福島第一原発事故が起き、変わってしまった世界のなかでも、日本人の一人ひとりがいまだに原発の存在を自分自身の問題として考えられないことこそが〝原発問題の本質〟なのでないかと奥本さんの話を聞いていて私は思った。

大間の漁師として生きる山本昭吾さん

大間町で親の代からの漁師として山本昭吾さんは生きてきた。原発反対を意識したのは、兄から大間に原発ができると聞いたときからだった。危険な原発ができたらここでは暮らせないかもしれないと兄は言った。その話を聞いて山本さんはまず、なんでそんなもの勝手に建てるんだと怒りがわいてきたと言う。「誰か反対しているやつはいるのか」と聞くと、兄は郵便局の人が反対しているみたいだと言う。山本さんはすぐさま郵便局まで車を飛ばした。そして郵便局に着くなり叫んだ。

「原発に反対しているのは誰だ！」

「いまなら電話をかけるとか、郵便局についてから誰かに訪ねるとか、なにかしようがあったと思うが、あのときは考えられなかったね」と静かに山本さんが言った。

郵便局の奥から「私です」と言って出てきた男性が前述の奥本征雄さんだった。

「わいも反対してる。どうすればいいんだ」と山本さんは奥本さんに聞いた。

「わかった。今夜行く」と奥本さんが答え、それから山本さんと奥本さんのつきあいが始まった。

漁師の生活の糧である海を壊したらここで暮らしていけなくなる、そんなものを建てていいはずがない、と若手漁師だった山本さんは心底怒った。いま私の目の前にいる穏やかで笑顔の優しい山本さんからはそのときの激しさを想像できないくらいだ。しかし一本気で曲がったことが大嫌いというところは昔も今も変わっていない。

そのときのことを奥本さんに訊ねると、怒鳴り込んできた漁師を見ててっきり殴り込みにきたのだと思ったと言う。

出会ったその日から奥本さんと山本さんの二人は大間原発について話し合い、勉強会を開いたり、反対する人を増やすため町内を歩くようになった。「こったらもの、止めてやる」と意気込んでいた山本さんは漁師仲間や友人を一軒一軒訪ねて、こんな危険なものを造ったらだめだと話し続けた。

大間では地区ごとに「長」というまとめ役の人間がいる。山本さんはその地区長を説得して歩いた。地区長たちが漁師仲間に原発の危険性をまた伝えてくれたので、当初大間町の原発反対運動は確実に広がっていった。漁師が海を汚してどうすると本気で怒る漁師も多かった。その運動が功を奏して、一九八五年の漁協の総会で原発調査対策委員会の設置を拒否するのに成功したのである。

「総会で勝った。あのときはうれしかったな。でもあれは腕力で勝ち取った勝利だった」

総会の前日に山本さんは奥本さんたちと作戦会議を開き、総会の流れを検討した。電源開発社員も入るはずだか

親の代から大間町で漁師を続ける山本昭吾さん

ら、まず関係ない人間を排除したほうがいいと話し合った。総会当日にはやはり電源開発の社員が会場に入っていたが、「お前たちは関係ないから」とごぼう抜きにして会場の外に押し出した。そして反対派は三分の二を超える圧倒的な数で、原発調査対策委員会の設置要請を否決した。

「予想外の出来事に驚きを隠せない推進派をよそに、自分たちはそこで安心してしまった」

あのとき気を緩めなければ、原発を建てない決議をしていれば、とそのときのことを思い出して山本さんは悔やむ。よもや拒否されるとは思っていなかった電源開発の熾烈な巻き返し。山本さんが、「あのときは東京から現地・大間町につれてこられた電源開発の若い社員たちもがんばったんだろうな」と言うほどである。

原発反対派が元気だったその頃、電源開発の社員は町内を一人では歩けず、必ず二人から三人で連なって歩いたと言う。原発に反対する漁師は、威勢がよくケンカっ早いことでも有名な大間の漁師そのものだった。電源開発の社員はそれでも反対派の家に行き顔をつないだ。それが彼らの使命だった。漁師の家を訪ねては断られ、水を頭からかけられてもめげずに通い続ける。そのようにして電源開発の人間は次第に漁師の懐に入り込んでいった。反対派への切り崩しは手を変え品を変え、時間とともに激しさを増し、町の人たちは少しずつ懐柔されていった。

一九八七年と一九九四年の漁協総会

よもやの否決から二年後の一九八七年(昭和六二年)に、大間・奥戸両漁協の総会で原発調査対策委員会(原発対策委員会)の設置をめぐる裁決が行なわれた。総会で原発の成否を決めるとき、賛成は立ち、反対はそのまま座るという決のとり方だった。

「じっと座りながら立っているやつを見るのが悔しくて、はらわたが煮えくりかえった」と今も山本さんは怒りを隠さない。その総会で負けたとき、漁師である自分の役目は終わった、もうやることはないと気力がなくなった。

一九九四年（平成六年）、発電所計画の同意と漁業補償金の受け入れを二つの漁協は決定した。山本さんは補償金の受け取りに反対したが、多数決で決まってしまった。賛成に回った漁師に山本さんが「金をもらってそれを貯めてもここで漁ができなくなったらどうするんだ」と聞くと「どこかに逃げればいいいさ」と賛成した漁師は言った。海を糧に生きてきた漁師たちがはした金で海を売ってしまったという思いが、その後の山本さんを寡黙にした。

しかし二〇一一年三月の福島第一原発事故が起きてから、山本さんはあらためて原発に反対し始めた。山本さんは「原発に反対する人の声は薄れていったが、漁師は本音では大間原発ができたら漁はできなくなるのではないかという不安をもっている」と言う。それでも地元で反対の声をあげることは簡単ではない。仕事が来なくなる、近隣とのもめ事が起きる……といったことを恐れる人も多い。山本さんは福島第一原発で起きたことを大間に置き換えてみるべきだと言う。そして「若い人、これからここで生きる人にもっと勉強してほしい。若い人も一緒にみんなで団結しなければ、大間原発の建設を止められない」と言う。山本さんは放射能の怖さを次のように語る。

「放射能は目に見えないものだから、漁をしていても不安になるが、生活のことを考えると漁を止めるわけにはいかない。一緒に暮らす孫のことを考えると、大間原発は絶対建てるわけにはい

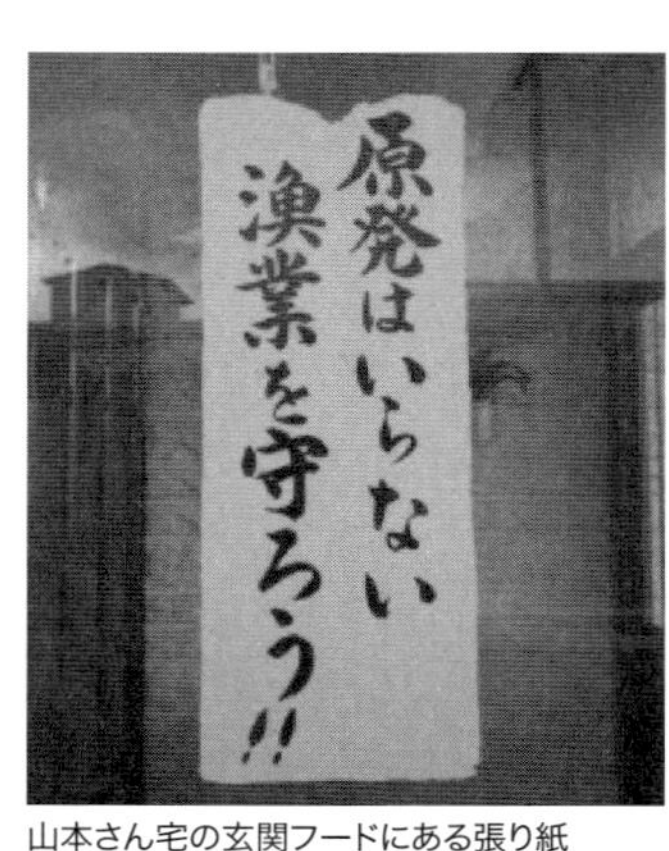

山本さん宅の玄関フードにある張り紙

かない。孫に食べさせられないものは、ほかの子どもにも食べさせられない。そんな苦しい思いをしたくないと、放射能のことを知りたくないと言う人も多いね。でも自分は漁で獲った魚の放射線量を調べてみなければと思うようになった」

獲った魚を調べてもし放射能が出たら漁を続けられないから漁師をやめることも山本さんは考えたという。悩みながらも山本さんは自分で獲ってきたイカを検査に出した。放射能は検出されなかった。いまも自分の小遣いで検査費用を工面し、獲った魚を検査に出している。

港にほど近い丘の上にある山本さんの家の玄関フードには原発反対を貫く山本さんを現わすような端正な文字の、黄色く変色してところどころ破れかけた張り紙が貼ってある。

〈原発はいらない　漁業を守ろう!!〉

第5章

対岸のまち函館の反対運動——〈ストップ大間原発道南の会〉ができるまで

チェルノブイリ原発事故から盛り上がった反原発運動

一九八六年(昭和六一年)四月二六日、チェルノブイリ原発が稼働二年目にして事故を起こした。旧ソ連は当初、事故を隠した。しかし、翌二七日、スウェーデンのフォルスマルク原子力発電所が異常な放射能を検知し、チェルノブイリ原発事故は発覚した。火災と爆発が同時に起こったチェルノブイリでは、放射能は二〇〇〇メートルまで上昇し気流にのって地球を回り、北半球を汚染した。その放射能の影響は広く世界に及んだために「地球被曝」という言葉が生まれた。

事故から七日後、チェルノブイリから八〇〇〇キロメートル離れている日本にも放射能が届く。水・野菜・母乳の汚染が報告され、日本中がパニックに陥った。汚染された食品の輸

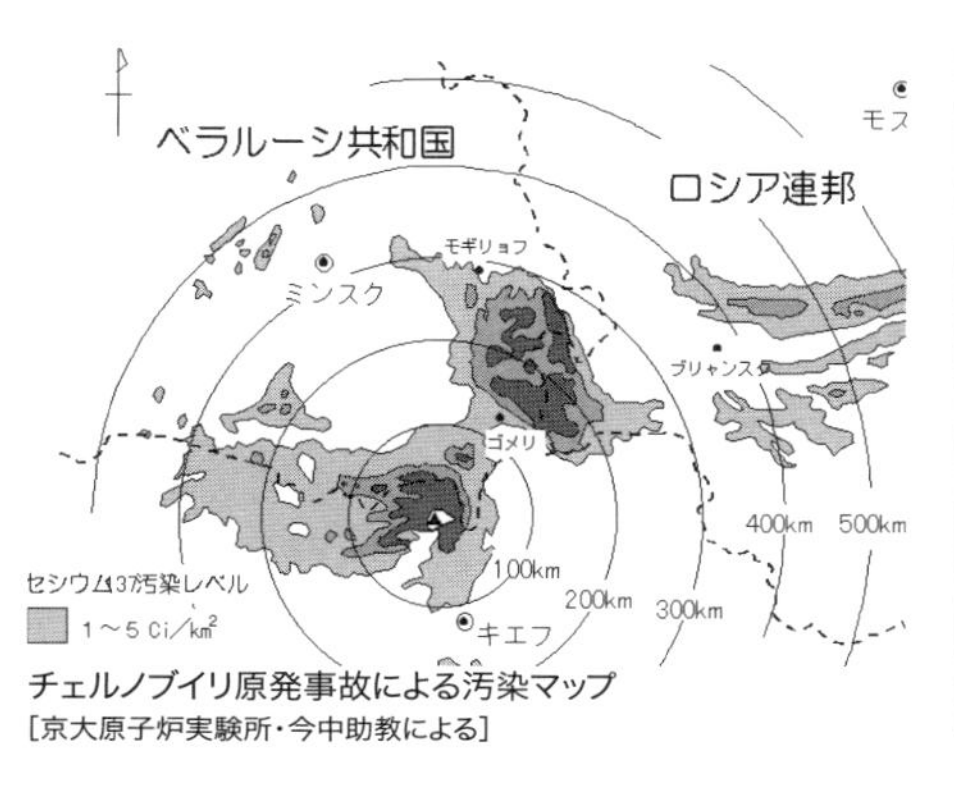

チェルノブイリ原発事故による汚染マップ
[京大原子炉実験所・今中助教による]

入規制が始まり、一キログラム当たり三七〇ベクレルという放射能の規制値が決められた。

私たちはヨーロッパや中央アジアからの輸入食品の汚染に過敏に反応した。このことは日本の食材の多くが海外からの輸入に頼っていることを国民が知る契機ともなった。そしてヨーロッパでは「脱原発」が叫ばれるようになり、日本でもこのチェルノブイリ原発の事故が反原発運動が盛んになるきっかけとなった。

日本の反核運動——第五福竜丸の被曝から

チェルノブイリ原発事故が起きる以前の日本の反核運動は、一九五四年（昭和二九年）の東京都杉並区の主婦たちによる「水爆禁止署名運動」から始まっている。一九五四年三月一日、太平洋ビキニ環礁でアメリカによる水爆実験が行なわれた。その「死の灰」が広範囲に降り注ぎ、太平洋沖で操業中の静岡県焼津港のマグロ漁船〈第五福竜丸〉が被曝した。無線長の久保山愛吉さんが九月に亡くなり、二三人の乗組員が急性放射能症で苦しんだ。国民は〝被曝マグロ〟としてマグロを敬遠したため食卓からマグロが消えた。第五福竜丸の被曝は日本中に放射能の危険性を知らしめた。

このことは戦後長く隠されていた原爆被害の実態を日本人が知るきっかけともなった。敗戦とともに進駐して来た米軍は広島・長崎に落とされた原爆の被害をことごとく隠蔽した。アメリカは原爆の被害記録を集めたがそれらはすべて軍事機密として日本国民に知らされることはなかった。ビキニ環礁でのアメリカによる水爆実験と第五福竜丸の被曝事件は、ちょうど占領軍としての米軍の撤退後に起こったため報道規制を受けずに報道され、悲惨極まりない放射能汚染の現実を多くの日本人が知ることとなった。

同時に、広島と長崎の原爆についての情報も報道規制が解かれ、そのときになって初めて原爆の真実を市民が知ることにもなった。原爆の真実とビキニ環礁での漁船の被曝は日本人の怒りを呼び起こし、平和のための核廃絶運動に向かわせた。水爆禁止署名活動は瞬く間に全国に広がる運動に展開した。放射能被害の恐ろしさを目の当たりにした人たちは原水爆禁止を世界に向けて発信することを誓った。

第五福竜丸

その動きは一年後、一九五五年（昭和三〇年）の「第一回原水爆禁止世界大会」を広島で開催するまでの大きなうねりとなった。主婦たちの署名集めから始まったこの反核運動は労働組合・農民・平和団体・学生組織・婦人団体・文化団体などが参加し超党派でまとまった。

しかし日本で初めての広範囲の市民運動の芽生えともいうべきこの運動も、時とともに様々な危機を迎える。その後、運動は政治的な対立から三つの団体に分かれ、その対立の激しさから運動そのものから離れていった市民も多い。

四半世紀がすぎた一九七七年（昭和五二年）、三つに分かれていた反核運動は統一されることになったが、その後も政治的な理由から運動体としては多くの問題を抱えた。しかしその運動が二〇一一年の福島第一原発事故を受けての現在の「さようなら原発　一〇〇〇万人アクション　脱原発・持続可能で平和な社会をめざして」の運動につながっていることは否定できない。

私が反原発運動に関わった理由――食品の安全性の問題から

ここで私自身のことについても触れておこう。函館に住む私もまた、時代の流れのなかで市民運動に関わっていた。一九八〇年代初め、農業と結びついた市民運動に関わった私は食品の安全性の問題に深く取り組むようになった。自然豊かな北海道に住みながらなぜ農薬や化学肥料で育てた野菜を食べ、添加物を使用した食品を食べるのか。そんな疑問から無農薬野菜の共同購入グループが誕生し、農薬や化学肥料を使わない安全な野菜や米を食べたいと集まった主婦や会社員がメンバーの主体となった。

そのなかから牛乳や生活用品など消費材の宅配を仕事にする人も出てきた。共同購入グループのメンバーたちは原発や核、添加物や化学薬品の怖さなどについて〈原子力資料情報室〉代表の高木仁三郎さんや作家の広瀬隆さん、藤田祐幸さんなどを講師に招き、勉強会を重ねた。

無農薬栽培野菜がまだ市民権を得ていなかった時代である。無農薬で野菜をつくるのは変わった農家であり、食べる消費者たちも一部の人たちと思われていた。勉強するうちに農薬は人間の身体によくないこと、虫によくないものは人間にもよくないことがわかってきた。野菜や食品を日本の国内外に広く流通させるために食品添加物や化学薬品が使われ、人体への影響が問題となり、アレルギー性疾患が子どもたちに広がり始めていた頃とも重なる。

農家の一年は冬のあいだに行なわれる作付け会議から始まる。その農家の作付け会議に参加させてもらい、野菜や畑の様子、天候と農業の関係などについて教わった。春、暖かくなる頃には草刈りに通い、土づくりの大変さを体験した。あの頃、無農薬で野菜をつくる農家は農協から目の敵にされていた。農協は化学薬品会社と提携し、季節ごとに多量の農薬を使うよう農家に指導していた。農薬や化学肥料の散布時期などを記載した農協の〝農薬カレンダー〟がどこの農家にもかけられていた。国自体が大規模農業を奨励し、そのカレンダーを見ながらそれぞれの野菜にあった農薬と化学肥料を大量に畑に投入するよう指導していたのが農協だった。

農薬をかけないで野菜をつくる農家は、畑を接する隣の農家から薬をかけないから畑に虫が発生してこちらに飛んでくる、野菜に発生した病気がこちらにうつるなどと嫌がられたという。日本全国で無農薬栽培農家は様々な困難と闘いながらその後の長い時間を過ごさなければならなかったが、農薬を使った農家の担い手が病気になったり様々な弊害を乗り越えた経験をへて少しずつ自然栽培の農業を志す人たちが増えてきた。安全な野菜を求める消費者も増えていった。そのような時代の流れのなかで土づくりから始めた無農薬有機農業は消費者とつながっていく。

お米についていえば、当時は厳しい食料管理制度があった時代で、「自主流通米」という枠で無農薬米を作付けした（無農薬の米を手に入れるには、農協に対して家族が一年間に食べる量を春に届け出る必要があった）。戦前からあった食糧管理制度が破綻しかけている時代に、米をめぐる国の政策は二転三転して米農家を圧迫していた。農協は農薬や化学肥料を供給する大手化学薬品会社や、農業の大型化や機械化のために大手機械メーカーと手を組み、農家の利益を吸い上げていった。

当時の私は農家の人から米や野菜について多くのことを学んだ。〝野菜や米をつくる前に土をつくるのが農業である〟という自然農法の農家の言葉を思い出す。その言葉から、生きている土のために堆肥をつくり、生きている土から生きている作物をつくり、命を紡ぎ出す、それが農業であると知ったことは新鮮な驚きであった。

そのようなときに起きたのがチェルノブイリ原発事故だった。事故により原子力発電所から放出された放射能は激しい火災と爆発により地上三〇〇〇メートルの高さに吹き上げられた。チェルノブイリ四号炉からの放射性物質の放出は事故から一〇日間続き、五月六日頃にようやく収束したといわれる。

原発事故が起きれば手間をかけ慈しんで育てた土が一瞬のうちに汚染されてしまう。放射能で汚染された土は元に戻らず、放射能はほかへ移ることはあっても無くなることはない。命と原発は共存できない、と知った瞬間だった。

私の住む函館の対岸に大間原発建設が計画されていることを私たちが知るのは、チェルノブイリ原発事故後のことだった。大間町の原発計画が明らかにされたとき、こんな近いところに原発が造られたら函館も危ないと危機感をもった。そう思った市民グループや労働組合など様々な人たちが集まり、一九九四年(平成六年)九月に函館にできたのが「ストップ大間原発道南の会」である。大巻忠一弁護士を会長に、函館市とその近郊から三〇〇人ほどが参加した。

その頃の大間原発の計画では原発は新型転換炉とされたATR実証炉で、五十数万キロワットの規模だった。建設主体は「電源開発株式会社」という半官半民の国策会社。

会ではその後、大間町で反対している「大間原発に反対する会」と連携しながら反対運動を進めることになった。当時の大間町には原発に反対する町民も多く、建設予定地に向かう道の家々の玄関のガラス戸には「大間原発反対」のステッカーがよく貼られていた。

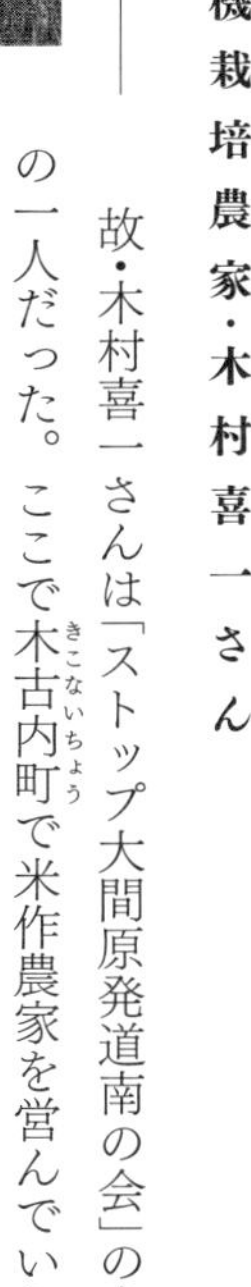

木古内町の有機栽培農家・木村喜一さん

故・木村喜一さんは「ストップ大間原発道南の会」の会員の一人だった。ここで木古内町(きこないちょう)で米作農家を営んでいた木村さんについても触れておきたい。

一九九五年(平成七年)に私たちは木村喜一さんの田を提供してもらい大間原発に反対する会の大きな看板を建てた。青森・函館間のJR津軽海峡線の木古内駅付近の田に立つ看板は、汽車に乗る旅人に大間原発に反対する人の存在を主張するようにと田んぼの緑に映える紫の地に黄色で描いた。

「大間原発反対」の看板は目立ち、汽車の窓からそれを眺めるたびになんだか誇らしい気分になった。年を重ねて文字はかすれ、支える柱も弱ってきたのでこれまでに何本も取り替えた。強い風に吹き飛ばされた鉄板は何度も修理を

木古内町の木村さんの田んぼに立てられた大看板

した。看板を立てた頃はそれを見る楽しみもあって春と秋の草刈りに家族連れで出かけた。草刈りのあとのバーベキューを楽しんだこともあった。まだまだのどかな時間が流れていた。そんな自然のなかで過ごしたかけがえのないときを思い出す。

木村喜一さんの死

その木村さんが一九九七年(平成九年)六月、子どもたちの小学校の運動会の前日、交通事故で亡くなった。春の田植えを終えた頃のもっとも多忙なときであった。明日は運動会という日の土曜日、準備のために家族で函館に買い物に来たのだ。その途中、会員宅に野菜を届けてくれた帰りの事故であった。私が木村さんの事故の報を聞いたのは翌日、自分の子どもの通う小学校の運動会の校庭だった。

共同購入グループの仲間はその夜誘い合って、木古内町で行なわれた通夜に参列させていただいた。木村さんと木村さんの長女・次男の三人が亡くなられ、ほかの家族の方々は大けがで入院されているなかでの通夜だった。通夜の席は知らない方々ばかり。函館から出かけて行った私たちに向けられたのは冷たい視線だった。

通夜の席で挨拶された方は、「函館のグループなんかとつながるから事故に遭う」と話した。棺のなかのご遺体を前に、ひどい言葉をかけるものだと憤りが湧いた。こういうなかで木村さんは生きてこられたんだと、あらためて思った。地域のなかで無農薬栽培を貫き通すにはどれほどの抵抗があっただろう。その厳しさは、原発城下町にならんとする大間町で原発反対を貫いた熊谷あさ子さんの生きてこられた道と通じる。

木村さんは農薬で家族が体調を崩したのが無農薬農業に向かうきっかけになったと言っていた。狭い地域でほかの人と違う生き方を貫くのは大変だったと思う。ある程度の規模の町ならまだ逃げ場もあるが、農業人口が多く住民の流動性も少ない土地では代々続く家のあり方が個人に優先する。共同体を守るために存在する約束事が個人を縛り、行動や生き方、いや考え方までも縛ってしまう。まさにムラ社会そのものである。そのムラ社会で一人オリジナルな農業をし、子育てをする厳しさは想像するにあまりある。そういうなかでの交通事故だった。

もし木村さんが生きていたら、手をかけてつくりあげた土を放射能に汚染される農家の状況をどのように受け止めただろう。その後、木村さんの田は農薬が散布され普通の田んぼになった。木村さんの畑に立っていた「ストップ大間原発」の看板も風雨にさらされ、数年前に撤去した。大間原発を止める前に看板がなくなってしまったのは返す返すも残念なことである。

〈ストップ大間原発道南の会〉による大間視察

大間町の〈クリ公園〉

私たち「ストップ大間原発道南の会」では原発のことを知

るためにこれまで数多くの講演会や市民視察団の大間町訪問を企画してきた。大間町の原発敷地予定地にある「一坪地主の会」が所有する土地を〈クリ公園〉と名付けクリの苗木を植樹したりもした。背丈ほどにも草が生い茂るクリ公園の草刈りの仕事は、大間町の「大間原発に反対する会」の佐藤亮一さん、奥本征雄さんが中心になって担ってくれた。毎年何本かのクリの若木を用意し、会員たちで植樹してきた。

毎年春には植樹したクリの木の様子を見に行き、その成長を見ながら倒れそうな木には添え木を当てて補強し、枯れた枝を払うなどの手入れをする。一年ぶりで見るクリの木は風で倒れているものや、成長が止まり細いままの木もある。見上げるような大木にはなっていないが、それでも秋に収穫するクリの実は小さいながらも美味しく味わった。何もなかった草地にクリの木が大小不揃いで立っているのを見ると、反対してきた年月を思う。クリ公園と原発の敷地境界はいつ頃からかまるで目隠しするように土が盛られて空が狭くなり、電源開発の敷地が見えなくなった。ここもまた熊谷さんの土地と同じようにフェンスで囲まれ、大間原発の「敷地外」とされている。

建設への流れとヒアリング

一九九九年(平成一一年)四月、大間町の隣町である佐井村が臨時議会を開催し、大間原子力発電所計画に同意した。同年八月、大間・奥戸両漁協は臨時総会を開催し、計画変更および漁協補償金受け入れを決定し、変更漁業補償協定を電源開発と締結した。九月には、電源開発は環境調査書を提出し、大間町および隣接三町村で縦覧した。このように大間原発の建設に向けて推進側は着々と歩を進めていった。

一九九八年一二月には原子力安全委員会による〈大間原発第一次ヒアリング〉が大間町で開催された。「ストップ大間原発道南の会」ではこの第一次ヒアリングに「地元」としての参加を求めたが認められなかった。これを不服とした会は、一九九九年二月四日、函館地裁で国を相手に裁判を起こした。函館と大間の距離は最短で約一八キロメートルの距離にあり、事故があれば函館はその被害をまともに受ける。それなのにヒアリングの当事者になれないのは苦痛であると「精神的苦痛への慰謝料」を求める裁判を起こしたのである。結果は棄却されたが、『判例時報』に「原子力発電所の設置に関する公開ヒアリングの目的、趣旨などについて判断した初めての裁判」として紹介された。

この裁判の結果は、二〇〇五年の〈第二次ヒアリング〉が開催されたとき、次のような変化に表われた。函館から市の桜井健治商工観光部長（当時）、太田正太郎市議（当時）、小笠原厚子さん（熊谷あさ子さんの娘さん）、市民グループから一人の意見陳述が認められたのである。函館を対象に含めたことについてヒアリングを開催した原子力安全委員会は、「距離が近いこととフェリーによる定期航路がある函館と大間の社会的、経済的つながりが強いという函館市からの要望を踏まえた」からで、当初函館市長が意見陳述人として参加すると表明していた。こうした動きになっていったのは函館市が起こした裁判に加えて、「大間原発訴訟の会」の前身、「ストップ大間原発道南の会」が繰り返し函館市に要請行動をしてきたこと、函館市が元京都大学原子炉実験所講師の小林圭二さんを招いて課長職以上の勉強会を開いていたことなどの成果でもある。ヒアリングに向けて同会が開いた「道南市民集会」には函館市の担当課長も出席した。

当日の第二次ヒアリング会場前では、函館・青森などから大間原発に反対する人たちが参加したヒアリングに対しての抗議集会が行なわれた。会場となったウイングという施設は電源開発の社員たちの緊張した空気と付近に配備された警官たちが醸し出す異様な雰囲気に満ちていた。会場は大間町営観光牧場の近くにあり、草原に放牧された牛たちののどかな風景と対照的であった。

意見陳述人や決定された傍聴人以外は外で長時間待たされた。会場に入るためには一カ月以上も前にハガキによる申し込みが必要で、抽選で入場者が決定されるなどの面倒な手続きがあり、当日の参加者のほとんどが会場外で待っている状態であった。第二次ヒアリングが開催されるのを待つ間、私は近くを散歩してみた。すると風力発電の風車が見えた。牧場の向こうには津軽海峡が眺められ、手前には牛が草を食む穏やかな風景が広がっている。このようにのどかな風景を壊して原発を建てる愚かさを痛切に思った。建ててしまえば取り返しがつかないものをなぜ人はつくるのか、本当に建てたい人は誰なのかとも思った。

熊谷さんの裁判支援と市民による大間原発裁判に向けて

「ストップ大間原発道南の会」では、二〇〇三年（平成一五年）から熊谷あさ子さんの〈共有地裁判〉やその後に起こした〈準備工事差し止め裁判〉の支援を行なった。それまで熊谷さんは地権者として顔を出さないでいたが、共有地裁判を機に表に出て行動することを決め、娘さんと一緒に函館を訪れる機会も増えた。会議のあとは会のメンバーと一緒によくカラオケに出かけた。もしあのとき熊谷さんが脅迫や村八分に負けて土地を電源開発に売っていたら、すでに目の前に大間原発は建っていただろう。海を守り、土地を守り、信念を曲げなかった熊谷さんの偉大さにいまさらながら敬服する。

そんな熊谷さんは函館の市民視察団の訪問をとても喜んでくれて、視察団をいつも心待ちにしていた。しかし二〇〇六年、二度目の視察団を迎える前日に熊谷さんは急逝された。熊谷さんの急逝は家族だけでなく、私たち会のメンバーにとってもまた途方にくれる出来事であった。しかし、あとを継いだ子どもたちの土地を売らない決意があり、会としてもその後の大間原発反対運動の継続と支援を熊谷さんに誓った。

電源開発は「二〇〇七年八月の大間原発建設工事着工」を公表した。それを受けて私たちは二〇〇六年一二月に「大間原発訴訟準備会」を発足させた。以来、熊谷さんの裁判を担当した東京の河合弘之弁護士、「ストップ大間原発道南の会」の会長大巻弁護士など、一〇名ほどの弁護士と一緒に裁判について協議してきた。

二〇〇七年(平成一九年)七月には新潟県中越沖地震が起き、柏崎刈羽原発は火災事故を起こして停止した。東京電力は当初隠していたが、九月には地震によるダメージは三〇〇〇カ所にのぼることが明らかになった。ところがこれで大間原発の安全審査は延びるだろうというこちらの思惑は裏切られた。柏崎刈羽原発被害の検証も進まぬうちに二〇〇八年春から電源開発の動きが活発になり、同年四月二三日に、大間原発原子炉設置許可が出てしまった。

それを受けて翌二四日に私たちの会は「大間原発訴訟準備会」から「大間原発訴訟の会」と名前を変え、再スタートを切った。その前年から始めていた署名は二〇〇八年一月末で六万四〇〇〇筆を数え、大間原発をいらないと意思表示した全国の市民の多さに感激した。

国に対して市民が起こす裁判を行政訴訟というが、行政訴訟では国の施策に対して許可後六〇日以内に異議申し立てを行なうことが条件となる。そのため裁判を起こす前に、異議申し立ての署名集めを始めていたのだ。まずは四五〇〇名の異議申し立ての委任状を預かり、国に提出した。その後、提訴の時期を推し量りながら裁判の原告を集め始めた。

「原子力シンポジウム」という名の説明会

それまで「大間原発訴訟の会」では函館市と北海道に、電源開発による大間原発の説明会の開催を要求していた。説明会の開催は何度も引き延ばされていた。二〇〇九年(平成二一年)一二月になってようやく説明会ではなく市民向けのシンポジウムが函館市で開催されることを市から知らされた。

シンポジウムのパネリストは、田中知(東京大学大学院工学系研究科教授)、佐藤正知(北海道大学大学院工学研究科教授)、奈良林直(北海道大学工学研究科教授)の各氏。

「会」の要望は、あくまで事業者による大間原発の説明会であった。しかし函館市は国・事業者から説明会の開催を断られ、次に函館市主催の「説明会」への関係者の出席を求めたが、それも断られたため、結局、財団法人日本原子力文化振興財団に依頼して経費の大半を財団側が負担するということで講師派遣が実現したということになった。日本原子力文化振興財団は、原子力が必要であるという認識を高める目的で設立された財団である。

「大間原発訴訟の会」が函館市に求めていたのは大間原発の説明会であったが、函館市が「日本原子力文化振興財団」と主催した「原子力シンポジウム」のチラシに「大間原発」の文字はなかった。
二〇一〇年一月四日に函館全市に配布されたチラシは次のようなものだった。

原子力シンポジウム　二一世紀の原子力と環境について考える

オバマ米国大統領の「グリーン・ニューディール政策」の表明や、鳩山首相の国連での温室効果二五パーセント削減目標の表明など、地球温暖化対策への取り組みが大きく注目されています。

温室効果ガスの削減は、地球を守る重要課題の大きなひとつであるとされていますが、その削減目標を達成するためには、省エネルギーや原子力発電の推進が不可欠とされています。

本シンポジウムでは、内外のエネルギー事情やエネルギー利用における原子力発電について、市民の皆さまの理解を深めていただき、識者の方々と共に考えてみませんか。

入場無料
平成二二年一月三一日(日)
一四時〇〇分～一六時一〇分

場所
函館国際ホテル

プログラムおよび内容
①開催挨拶
②講演1 「エネルギーと環境」(仮題)
田中知氏 東京大学大学院工学系研究科教授
講演2 「原子力全般について」(仮題)
佐藤正知氏 北海道大学大学院工学研究科教授
講演3 「原子力発電の安全性」(仮題)
奈良林直氏 北海道大学大学院工学研究科教授
③コーディネーターと講演者による座談会
コーディネーターから三名の講師へ質問
事前にいただいたご質問への回答など
コーディネーター キャスター・エッセイスト
福島敦子氏

このチラシを見る限り、二一世紀に必要なエネルギーと環境のための原子力発電の広報であることはわかるが、大間原発についてはひとことの言及もなく、シンポジウムが何の目的で函館でこの時期に開かれるのかよくわからない。

シンポジウムを開催するにあたって函館市は「国や事業者による説明会が最善だが、両者に拒否され次善の策である」としている。二〇一〇年一月九日、日本原子力文化振興財団は、『北海道新聞』の取材に「原発の必要性を広報するのが財団の役割。（大間原発）個別の問題はシンポジウムの趣旨ではない」と答えている。思惑の違う二者が開く形だけのシンポジウムにどのような意味があるのか。シンポジウム開催の実績は残るが、函館市民の大間原発建設に対する不安は何ひとつ払拭されない。

シンポジウムに先立つ二〇〇九年一二月一八日、函館市は「住民説明会について」という文書を配布した。一二月二一日付けの文書ではさらに「住民説明会について——原子力シンポジウム　21世紀の原子力と環境について考える」とサブタイトルをつけている。そして一二月二九日付けの町内会などへの文書では「住民説明会について」は消され、「原子力シンポジウム」への参加案内になっている。一二月二八日配布の「市政はこだて」や二〇一〇年一月四日全市配布の前掲のチラシにも「大間原発説明会」は一切出ていない。大間原発の説明会を求める市議会議員・市民グループ・マスコミに対

函館市で開催された〈原子力シンポジウム〉のチラシ

しては「住民説明会」であるといい、一般市民に対しては「原子力シンポジウム」と案内しているのである。

〝迷走〟するシンポジウムの担当部署は、函館市の防災課である。建設された大間原発で事故が起きればただちに状況把握し、避難指示を即座に出し、避難のためのすべてを指揮しなければならない部署である。福島第一原発の事故が起きて原発から三〇キロ圏内の地方自治体がどのように事故に対処したのか、あるいはどのような理由で対応できなかったのか、のちの新聞などの報道で私たちは知ることになった。地方自治体の防災課は命の境界に立っているのだ。このとき、函館市の防災課の人間は大間原発のことをどれだけ知っていたのだろう。知っていて「原子力村」の〝安全神話〟の主張を広報するシンポジウムの開催に同意したのだろうか。福島第一原発事故以来、原子力推進派がどのように世論を形成し、原子力推進の結果を誘導してきたのか、メディアの取材で最近それらが明らかになってきた。九州電力玄海原発のプルサーマル導入のためのシンポジウムのやらせ問題、協議会や公聴会での関係者の推進側出席の強要、シンポジウムでの科学者による虚偽の答弁など数えあげればきりがない。

このシンポジウムに先立ち、函館開催の少し前に隣町七飯町（ななえちょう）でも「原子力シンポジウム」がひっそりと開催されていた。七飯町在住の人の話では、町民への告知も少なく、たまたま原子力に関心があり行ってみたらわけのわからないものだったという。大間原発の文字もなく、内容も取り立てるほどのものはなく、「大間原発説明会」に端を発するものとは誰も思わなかったという。函館開催前の準備のためのものだったのだろうか。

シンポジウムの空疎な内容

私が見た「原子力シンポジウム」の中身について記しておこう。

東京大学の田中知教授は、講演のなかでエネルギー問題を環境論と合わせてそつなく話し、原子力問題にはほとんど触れずに終わった。巧妙に自分の立ち位置を守っていたという感じである。北海道大学の佐藤正知教授もまた、原子力全般についての説明にとどまっていた。そうした二人の〝専門家〟に対して失言を繰り返していたのが北海道大学の奈良林教授だった。奈良林氏はもと東芝の原子炉設計者であるが、いつの間にか北海道大学教授になっていた。大間原発で採用されているABWRの設計者であると誇らしげに話していたが、その内容はひどかった。ABWRは改良型沸騰水型原子炉のことで、BWR（沸騰水型）の改良型だが、改良の根拠は経済性であり、安全性を後回しにして造られた原子炉といわれている。その危険性が問題になっているものだ。

たとえば、第8章で詳述するが、大間原発では原子炉格納容器と原子炉建屋が一体になっている。放射能を守る最後のとりでであるこの原子炉格納容器は鋼鉄ではなくコンクリート製で、内側に厚さ六ミリの鋼板を貼っただけのものである。従来の格納容器は一三〜一五ミリの鋼板で造られている。この鋼板の厚みの差はひとえに経済性にある。大間原発は建設計画の初めから商業炉として建設されるが、それは実験炉→実証炉→商業炉という通常の原発建設の手順をまったく無視したものである。大間原発は世界で初めてのフルMOX原発であるにもかかわらず、実験もなしに建設される初めから経済性を求められる商業炉なのである。その設計者は、原発の内部を冷やす冷却用の水で温水プールを造り地域振興に役立てると言った挙句に「放射能は身体にいいのです」とまで口走った。

会場にいた私は思わず叫んでしまった。「会場に医者がいるなら今の言葉に反論してください」と。放射能が身体にいいなどと大学教授が三〇〇人を超える人の前で話すことは犯罪行為に近い。こんな大きな間違いを黙って聞いていてはいけないと思った。会場からのヤジに消されて私の声は届かなかったが、あまりの暴言に会場は騒がしくなった。

そのあと会場からの「もし事故が起きたら」の質問に答えて奈良林氏は言った。「原発は事故を起こしません」。それこそ会場が騒然となった。原発は事故を起こさない、などと断言するのは科学者ではない。百歩譲ってメーカーの人間が営業トークで言うのなら当然かもしれないが、いやしくも原子力の専門家として原発は事故を起こさないと断言する人は科学者ではない。この言葉を聞いたとき、怒りとともにこんな人間が造るのが原発なのだと妙に納得した。こんな原発止められる、とも思った。

このシンポジウムの模様を『北海道新聞』は次のように報じている。

大間原発に高い関心　講演や質疑応答に三三〇人　原子力シンポ

原子力シンポジウム「二一世紀の原子力と環境について考える」(函館市、日本原子力文化振興財団)が一月三一日、函館市大手町の函館国際ホテルで開かれた。原子力を専門とする大学教授三人の講演や、市民との質疑応答が行われた。約三三〇人の市民が参加し、対岸の青森県大間町で建設が進む大間原子力発電所にかんする質問が数多く寄せられ、関心の高さが表れた。市民に原子力に対する理解を深めてもらい、大間原発に関する市民不安を解消する趣旨で初めて開かれた。

（『北海道新聞』二〇一〇年二月一日）

〈日本原子力学会〉会長の田中知氏と話す

シンポジウム会場には原発のことを知りたいという一般市民、大間原発に反対しているグループ、原発推進派が入り乱れて参加していた。反対派・推進派はそれぞれにヤジを飛ばし、会場内には怒りと怒号が満ちていた。閉幕の挨拶が終わっても騒然としている会場を眺めながら私は最前列にいる〈ストップ大間原発道南の会〉副会長の竹田とし子さんのところに向かった。すると同じように壇上から彼女に近づく人がいる。東京大学の田中知教授だった。竹田さんに話しかけている。ソフトな語り口で風邪をひいていた竹田さんをねぎらいながら、一緒に環境を守るためにやっていきましょうなどと言っている。

「田中さん」と私は声をかけた。

「ここにいる竹田さんも私も、そして田中さんあなたも同じ時代を生きてきたと思います。戦後が少し落ち着いた頃、でもまだ決して豊かではない頃に生まれました。それから大きく社会が変わり、産業構造も変わりました。新幹線が走り、道路ができて、社会の変化と科学の進歩は絶え間なく、私たちの暮らしを大きく変えました。でもひとつ、人間が核分裂反応に手を付けたのは間違いだったと思いませんか」

黙って私の話を聞いていた田中氏は大きくうなずいた。

「田中さん、あなたはいつ魂を売ったのですか？」

続いて言った私のひとことに、田中さんの顔から笑顔が消えた。

「わたくしは魂を売っておりません。わたくしは魂を売っておりません」

二度繰り返した。それまでのにこやかな顔ではなかった。素人の私でもわかる原子力の負の真実を科学者である田中氏が知らないはずはない。コントロールできない核分裂がどのような結論を導くのかも充分にわかっているはずだ。そのうえで原発推進の道を先導してきた科学者を私は人として許せなかった。原子力の潜在的な危険を知っているはずの科学者が真実に目をつむり、人々を破滅の道へ誘うことは許せない。人間が核分裂をコントロールできる日が来ると信じているのであろうか。原子力村という狭い世界で生きてきて、それがもたらす地位と名誉と富みに目がくらみ、人が人として生きる世界を忘れてしまったのか。

アカデミズムの陰に隠れて的外れな論理をかざす北海道大学の佐藤教授、東芝出身でメーカーの人間としか思えない奈良林教授が「原子炉は壊れません」「放射能は身体によい」などと稚拙としか言いようのない主張をしていた。彼らの論理をまともに受けるにはあまりにもばかばかしい。しかし、原子力の学会に君臨しこの国の政策を引っ張る側にいる田中知氏だけは許せないと思った。言質を取られないように言葉を選びながら原子力と環境問題を絡ませ、一見まともでその実内容のない意見を主張する。こうした人間が原子力の未来をつくっているのだ。

田中知氏は「日本原子力学会」の会長をへて「青森県原子力安全対策検証委員会」の委員長にもなり、二〇一一年一一月、東京で開かれた委員会で青森県の原子力施設の安全宣言を青森県知事に報告した。報告書の内容は青森県の原子力施設の安全性には問題がないとするものだった。大間原発についても福島第一原発事故を受けて新たに安全に配慮しているから安全であるとした。お墨付きを得て青森県は原子力施設の建設推進に弾みをつけた。

このとき、福島では原発事故は収束の見通しが立たず、東京電力は綱渡りの事故対策を焦りながら続けていたのである。福島第一原発事故の真相解明については、国会・政府・民間・東電と四つの事故調査委員会が発足し、これから事故原因を調べるというときである。原因究明もできていないのに事故が起きた原発の安全性をどのように担保できるのか。事故調査委員会の報告が出る前に核燃料サイクルの要となる下北半島の原子力施設の安全宣言をしてしまおうというのが本音だったのであろう。原発の使用済み核燃料を集め、取り出したプルトニウムを再度燃料として使用する核燃料サイクルは日本の原子力利用計画の中枢である。下北半島の原子力施設の存亡に今後の日本の核燃料サイクルの未来がかかっているのだ。早々に安全宣言することで推進側である青森県の建設再開の動きを田中知氏は助長したのである。端的にいえば、青森県原子力安全委員会の委員長である田中知氏のこのときの安全宣言には、日本の未来がかかっていた。

二〇一四年(平成二六年)五月、原子力規制委員会の委員に田中知東大大学院教授と石渡明東北大学教授の二人を当てる人事案を政府が提示した。その後衆参両院の本会議で承認され、九月の就任が決定した。このことが新聞で取り上げられたときの見出しは「委員候補に原発推進派」とある。まさに推進派を原発の安全を規制する委員にしたのだ。あからさまな大間原発の建設・稼働を国策に沿って遂行しようとしている人事としか思えない。そもそも原子力規制委員会とは、民主党政権下で原子力の規制と推進の立場を分けるためにつくられた組織であったはずだ。田中知氏は日本原子力産業協会の役員、経産省・総合資源エネルギー調査会の原子力部長などを努め、政府の原子力政策を牽引してきた一人なのである。

日本原子力振興財団の提案

大間原発について説明を求める市民グループの要望を受け、説明会の開催のために動いた函館市だったが、結果としてこのような〝原子力推進シンポジウム〟となってしまったのはどこに原因があったのだろう。函館市が大間原発に関する説明会の開催を北海道や国、建設主体である電源開発に求めたもののすべて断られた。市側は不本意ながらも「日本原子力文化振興財団」の提案する原子力シンポジウムを開くことに同意したのだ。一連の経緯を見ると、開催決定から広報までのほとんどを財団側主導で進めたとしか思えない。大間原発の説明会の開催が必要としながら、原子力の平和利用を進める財団が主催するシンポジウムがどのようなものになるかは函館市にも想像がついたはずである。

では函館市はどうするべきであったのか。次善の策として財団のシンポジウムを開催するとして、開催までの流れを公表するべきであったと思う。初めになぜ説明会を開けなかったのか、国や電源開発に断られた経緯、そして財団からの提案。それをすべて白日の下にさらしていたなら、もっと市民の世論を喚起できたはずである。函館市と大間町の近さ、水産観光都市函館への影響などを考えれば、その時点で電源開発に対する態度をはっきりさせるべきであった。

市側はこのとき財団側に立ち、市民への情報公開を怠った。もしこのとき国や電源開発が函館市に対して大間原発説明会を断った経緯を市民に知らせ、財団側が提案した内容も含めて市民に公開していたならば多くの市民の共感を得られたはずである。原子力を推進するための広報を目的とする財団の進めるシンポジウムが大間原発の真実を伝えるかどうか、市民と一緒に検証すべきであった。すべては市側がタイトルを次々と付け替えるような姑息な手段で「説明会」の形だけでも整えてすませようとしたために起きた混乱なのである。民主主義の原則は情報公開であり、真実を伝えることによってのみ市民生活は守られる。函館市は公開すべきであった「シンポジウム」の内容を隠したが故にその後の対応につまずくことになった。

函館市が大間原発の建設凍結を求める

函館市が福島第一原発事故後、建設が止まった大間原発工事に対して〝大間原発の建設凍結〟を求めたのは事故から一年半が過ぎた二〇一二年(平成二四年)九月である。電源開発側が大間原発工事再開に向けての意欲を示したのが八月、それを受けても市はなかなか動かず、ようやく動きが見えたのが九月になってからだったのである。

九月二七日、電源開発は一〇月一日に建設再開の時期も含めて説明すると発表した。そして一〇月一日午前中は大間町議会、午後には函館市を訪問することになった。

その日、午後から電源開発が工藤壽樹函館市長と会うということで私たちは市役所前に集まった。市役所前に集まったとき、その日の朝八時に電源開発が大間で工事を始めたとの情報が伝わってきた。電源開発は夏頃から原発工事再開をちらつかせ、函館市や反対派の動向を探っていたようだった。工事再開時期を年内か来春にするかを電源開発が決めるのはこれからだろうと思っていたこちらが甘かったのである。

予定の一時を大分過ぎて電源開発の人たちが車でやってきた。抗議デモの人たちと電源開発の社員がもみ合いになり、市役所の前が騒然となった。「こっそり工事を始めるなんて汚いやり方だ!」。多くの人たちが声をあげて抗議したが、電源開発側は市役所職員に守られてエレベーターに消えていった。福島第一原発事故を受けて事故の影響は三〇キロ圏内を目安にするUPZ(緊急時防護措置準備区域)に広がり函館市も原発建設計画の当事者となった。そうした経緯をへて二〇一二年九月、函館市長は初めて大間原発凍結宣言をし、裁判も辞さない考えを内外に示した。

地方自治体が国との関係で弱い立場にあることは明白な事実ではある。しかし、国の政策と地方との対立軸が自治体の存立を危うくするような場合、独自の政策を立てなければ地方は生き残ることはできない。ひとたび原発事故が起きたら函館市は水産物業界の不振、観光客の激減と二大産業がつぶれる危機に瀕するだろう。

二〇一〇年の原子力シンポジウムの説明会のときに函館市が独自の姿勢を打ち出していたなら、国・電源開発もここまで函館市や道南市町村の意向を無視することはなかったのではないか。日本は民主主義と地方自治の国であるという建前から、地方自治体の首長は法律的には大きな権限をもっている。この建前を味方につけて国や北海道としたたかに交渉してほしいと私たちが願うのは市民として当然のことであろう。

第6章 裁判にいたる道

六万四〇〇〇筆の署名集め

大間原発を止めさせるための裁判を起こした私たち「ストップ大間原発道南の会」は、二〇〇七年(平成一九年)一一月から「大間原子力発電設置許可を出さないことを求める署名」を集め始めた。大間原発の危険性を多くの人に知らせるのと同時に、大間原発の建設中止を求める裁判の告知が目的だった。また、国に提出する異議申し立てには署名捺印が必要であることから、異議申し立ての署名を集める前に大間原発建設のことを多くの人に知ってもらい、建設反対の仲間を増やすための署名活動でもあった。多くの人の協力で函館市内での会合や人の集まるところにはこの署名用紙が回った。

署名は函館市だけでなく北海道各地から、また青森や東京、関西など全国各地から集まり、最終的に六万四二二二筆になった。二〇〇八年二月五日、私たちは経済産業大臣に提出するために、原子力安全・保安院に署名簿を渡した。引き渡しには金田誠一衆議院議員(当時)、大島九州男参議院議員(当時)、ほか四名の国会議員の代理が出席し、経済産業省からは原子力安全・保安院から七名、内閣府原子力安全委員会から二名の合わせて九名が出席した。また二月二六日には第1章に書いたように大間町を訪問し金澤町長に「署名提出とヒアリング」の報告をした。

そのいっぽうで二〇〇八年三月一七日、電源開発の中垣喜彦社長（当時）が大間町を訪れ「大間原発五月着工」を町長に報告した。四月中に原子炉設置許可を取得し、五月着工をめざすというものだ。それに先立つ三月一二日には地震・火山の安全審査を担当する内閣府原子力安全委員会の原子炉安全専門審査会（炉安審）第一〇九部会（大間原発審査を担当）Cグループが実質審査を終了していた。それを受けて三月一七日、電源開発が「補正書」を提出すると同時に大間町で中垣社長が報告を行なったのである。

三月二一日には第一〇九部会でCグループの結論を確認・終了、四月一日には炉安審が開かれ第一〇九部会の審査結果を妥当としたが、一部委員から〝震源を特定しない地震の規模をM六〜六・五程度〟としたことに疑問が出た。しかし結論は出ず、四月四日に再度審議することになったが、「第一〇九部会での報告に反対意見がなかったことから」審議は四日に終了すると見られていた。

四月四日の炉安審では、「津軽海峡の海底活断層についてはよくわからない、また恵山（えさん）と恐山（おそれざん）を結ぶ火山フロントについては活断層なのか火山地域か、確かめるすべがない」との発言があったが、それでも審査は終了した。

これが安全審査といえるのだろうか。津軽海峡の海底活断層や火山フロントについても言及しているのに、調べようとしていないのは、初めに結論ありきで審査が行なわれているからなのだろう。二〇〇七年の柏崎刈羽原発の原発震災の真実も明らかにされないうちに、「新原発耐震指針」によって許可された大間原発の安全審査がこのような審査実態であるとすれば原発の安全性を審査したことにはとてもならない。

四月二三日に経済産業大臣が電源開発社長に許可証を渡し、大間原発建設の五月着工が決まった。それに対して市民が異議申し立てを行なうには六〇日以内に異議申立書を提出しなければならないということになっているので、私たちはすぐにミニ集会を開き異議申し立てと裁判の流れを集まった人々に説明した。全国に働きかけた結果、四五四一人の異議申し立て人が集まった。近く起こす裁判の原告になるために必要な手続きで、依頼するほうも書くほうも普通の署名とは違う真剣さであった。六月一九日には集まった異議申立書を原子力安全・保安院原子力発電安全審査課に提出した。国を相手に裁判するためには、行政に対して異議申し立てを行なってから六〇日以内の提出が義務づけられている。

この頃のことを思い出すと目が回る。いったい何をどうしていたのか思い出せないほどである。名簿の打ち込みを手伝いながら、函館市や大間町をはじめとする全国から集まった署名の住所・氏名・押印を見て、私はその一人ひとりの筆の重みを感じていた。全国の原発立地地域、建設予定地で反対運動をしている人たち。友人知人の説明で原発の危険を知り大間原発反対を表明してくださった人。九州は玄海原発と川内原発、四国は伊方原発、中国は上関原発、東北は福島原発や六ヶ所再処理工場……とそれぞれの人の住む地域の名前とその地域の原子力施設が結びついた。各地で闘い続けている人たちがこんなにもいると心を強くしたことを思い出す。

二〇〇九年(平成二一年)、大間原発建設反対への理解を求めて署名を集めてから約半年が経った。

国への異議申し立ての署名集め、そして裁判へと続いたこの頃は走り続ける日々の連続だった。しかし肝心の裁判のことを会のほとんどの人間がよくわからないままであった。会合のなかで裁判の流れを勉強しながら、現実の事務処理作業に追われる日々であった。この頃、運営委員の人間が二人、怪我をしている。一人は自転車事故で頭を打ちしばらくは頭に包帯をしながら作業していた。もう一人は(私なのだが)転んで頭を打ち、記憶が途切れて脳のMRIの検査を受けた。メンバーの誰もが時間と心に余裕がなかったのである。

訴状を担当する

この時期、私は裁判の訴状を担当することになった。大間原発を止めるための裁判を起こすことが決まってから弁護団は原告と弁護士が裁判の内容を詰めるための会議を重ねてきた。裁判で取り上げる論点は活断層、地震、ABWRの危険性、火山、立地指針違反、道南の観光産業被害など。私は以前から考えていた原発の廃炉とその経済性を取り上げてほしいと会議で発言した。それを聞いた海渡雄一弁護士が「野村さんがそれを書いてください」と言った。訴状どころか論文も書いたことがない私は「えっ」と言って驚いた。書くことを仕事にしているとはいえ、法律的な文章などは読むのも苦手、ましてや書くことなんて無理と思ったが、書くことによって学べる何かがあるのではとの思いが私を動かした。

それから廃炉と経済に関しての資料集めが始まった。何から取り上げたらよいのか悩みながらも、興味の赴くままに調べ始めた。日本の原発第一号である東海発電所一号機が二〇〇一年(平成一三年)から解体を始めていた。東海発電所一号機は運転終了の一九九八年から一五年が経っていたが、いまも高い放射線量のため原子炉に人が近づくことさえ難しかった。現在は原子炉領域解体前工事を行ない、二〇一四年から原子炉の解体に取りかかる予定になっていた。このことを軸に、「原発解体の問題点」「永久保存される原発」「廃炉の不経済」「世界の解体現場」の四項目に整理して記述した。

大間原発は二〇一三年(当時の予測)稼働予定で、四〇年の運転期間をへて二〇五三年から解体予定となっていた。福島第一原発事故のあと、二〇一二年春に大間原発の稼働予定は未定と発表されたが、仮にそのままの予定としても四〇年後の二〇五三年に原発解体が現実の問題となる。二〇五三年とは二〇一三年に生まれた人が四〇歳になる年である。そのとき原発解体は彼らの肩に大きな重荷となっているだろう。今年産まれた子ども、そしてこれから産まれてくるであろう子どもたちは、大間原発建設になんの責任もなく、どのような利益も受けていない。その彼らが廃炉の負担だけを負わされるのだ。このような理不尽なことがあるだろうか。

後始末を未来世代に押し付け、自分たち世代が電気とそれに伴う利益を享受する、そのことこそが原発の一番の問題なのである。利益を享受した世代と後始末をする世代間の不公平を是正するのは原発を建設した人間の責任である。また廃炉現場での作業は高濃度の放射能に被曝するということであり、そこで働くのもまた彼らなのである。次世代に対する付け回しそのものである。

日本にある五四基の原発はこれから廃炉の時代を迎えるが、そこから生まれる放射性廃棄物は狭い国土の日本では管理できない。二〇〇五年にクリアランス制度が制定され、低濃度放射性物質の流通を可能としたが、それは放射性物質の拡散でしかない。遠くない将来、原発は廃棄物処理ができずに解体に着手できない事態が起こると予測する原子力関係者もいる。もちろん廃炉には予算が必要だが、電気をつくらない原発からどのように費用を捻出するのか予測もできていない。そのため原子炉の廃炉に伴う膨大な費用を電気料金に上乗せして徴収し、積み立てておくことを目的にした「原子力発電施設解体引当金に関する省令」が定められた。その金額は火力発電の一〇倍である。しかし、それでも足りないことは放射性物質であるプルトニウムの半減期が二万四〇〇〇年であることを知ればすぐにわかることである。

ほかにも原子炉が運転を終了してから廃炉になるまでの一二〜一五年というあいだ放射線量が下がるのを待つ期間が不可欠である。そのあいだ定期点検が欠かせないが、その費用はどこで、誰が負担するのか。廃炉とその経済を調べるうちに、原発の不平等性・差別性・危険性が押し寄せてくるように私には感じた。何度も文章を書き直し二〇一〇年六月、ようやく訴状ができあがった。原発解体の事実を知ることで、大間原発は絶対に建ててはならないとあらためて確信し、このことを多くの人に知らせて大間原発を止める声をさらに大きくしなければならないと痛感した作業だった。

第一回大間現地集会と大マグロック

大間原発の建設許可が国から下りた二〇〇八年（平成二〇年）の秋、地元大間町では、小さな規模ではあるがもう一つ新たな動きが起こった。九月二一日、「大間原発着工抗議集会」と「大マグロック」と名付けられたロックコンサートが開催されたのである。場所は熊谷あさ子さんが残した〈あさこはうす〉のうしろの空き地。今（二〇一四年）では大マグロックのほうが有名になった感があるがその一回目である。大間原発着工に危機感をもった大間と函館と青森のグループが中心となって、現地大間町での行動をと考え企画したものである。

これまでも集会前に小さなコンサートが開かれたことはあったが、ロックコンサートなど経験したことのない人間が多かった。現地集会では小笠原厚子さんや青森・仙台・函館の市民グループからの挨拶が行なわれた。

当時の〈あさこはうす〉の周りには高いフェンスはなく、見晴らしがよく空も海も見渡すことができた。数年後、敷地は高いフェンスで囲まれた。いまでは通路にまでフェンスがめぐらされ、そこに監視カメラまで付けられている。まるで檻のなかにいるようである。

以下は『はんげんぱつ新聞』三六七号に書いた私のレポートである。

「あさこはうす」で誓う大間原発廃止　野村保子

二〇〇八年九月二一日、下北半島の最北端大間町の故熊谷あさ子さんが守ってきた土地で、「大間原発着工抗議集会」が開かれた。三十有余年の反原発の思いを託した「あさこはうす」は支援者の人たちの協力で回りの草が刈られ、その広い敷地の一部が見渡せる。熊谷さんが育てた花や野菜畑の後ろの広場にはテントが建てられ、ライブの準備をするミュージシャン、六ヶ所の「花とハーブの里」から駆けつけてくれた人たち、熊谷さんの長女で運動を引き継ぐ小笠原厚子さん、青森から反原発団体の人たち、仙台から「わかめの会」、函館からは「ストップ大間原発道南の会」、大間町の「大間原発に反対する会」が参加するなど多くの人たちが集まった。この光景を二年前に亡くなった熊谷さんに見てもらいたかったと胸が痛くなる。

午前一一時三〇分からユニット名「魔太郎定食」他によるライブ、午後一時三〇分からは抗議集会が行われた。原子力資料情報室の澤井正子さんの大間原発の危険性について、小笠原厚子さんの母の意思を継ぐ決意が話される。「大間原発訴訟の会」の竹田とし子代表は、「大間原発はただの原発ではなく、プルトニウムとウランを燃やし、最も危険なゴミを作り出す。絶対作らせない」と強調。

大間原発は国内最大級の一三八万キロワットの電気出力を持ち、ウランとプルトニウムを混合したMOX燃料を世界で初めて全炉心に使用する計画の改良型沸騰水型原子炉（ABWR）である。MOX燃料を全炉心で使用する世界で初めての大間原発は経済性を求められる商業炉であり、フルMOXの危険性について納得できる説明は国からも電源開発からもなされていない。

四月二三日に経済産業省から大間原発の原子炉設置許可が出たのを受け「大間原発訴訟の会」では異議申し立て人を募り、全国から四五四一人の賛同を得て、六月一九日経済産業省に「異議申立書」を提出した。原発の敷地内、炉心から約三〇〇メートルの位置に未買収地があること、世界初のフルMOXの危険性、地震や地盤、火山などについての危険性が解明されていないなど、大間原発の不安を全国の人と共有できたのが大きな支えとなった。会の一員として、大間原発に反対してきたものとして賛同いただいた全国の皆様にお礼を申し上げたい。名簿を打ち込みながら一人一人の異議申し立ての思いをきちんと届けたいと痛切に感じた。

自分の住む場所で長く活動を続けていくと壁にぶつかることも多々ある。そんなとき同じ思いを共有できる仲間に出会うことで元気になれる。異議申し立て、抗議集会と各地で反原発の活動をしている人たちとの出会いに力をいただいて、改めて大間原発廃止を故熊谷さんに誓いたい。

(『はんげんぱつ新聞』三六七号　二〇〇八年一〇月発行)

二〇〇八年から二〇一〇年――裁判までの歩み

二〇〇八年(平成二〇年)一〇月には泊原発の隣町岩内町(いわないちょう)で行なわれた泊原発三号機のプルサーマル計画についてのシンポジウムに参加した。ほかにも街頭宣伝、勉強会、青森や東京での報告会など行事が目白押しの一年間であった。そんななかで一二月、大間町では金澤満春町長が無投票再選された。

翌二〇〇九年二月には、私たちは函館で東洋大学の渡辺満久教授の講演会を開催した。テーマは「函館・大間の『活断層』について――変動地形学から見た津軽海峡圏」。渡辺教授は講演会で、二〇〇八年九月大間町での調査結果から「大間町沖合に海底活断層があると推定される」と指摘。大間町の原子炉設置審査には原子力安全委員会の『活断層等による安全審査の手引き』が適用されるべきなのに、変動地形学が認定されなかったのは『手引き』違反であることを強調し審査体制に疑問を呈した。変動地形学による活断層の認定によって時の人となっていた渡辺先生の講演には一五〇人を超える参加者が集まった。

翌二〇〇九年四月の『東奥日報』には、「ＭＯＸ燃料仏で製造へ　大間原発一三年炉心に装荷」の記事が掲載された。電源開発は大間原発で使うＭＯＸ燃料の製造準備に着手。神奈川県の燃料製造会社グローバル・ニュークリア・フュエル・ジャパンに委託し、同社がフランスのメロックス社に再委託したという内容だった。

同じく八月には前述の東洋大学の渡辺満久教授と「大間原発訴訟の会」の会員が大間町で活断層のフィールドワークを行なった。原発敷地の近く露頭の見える場所で渡辺先生直々に地層の見方を教わった。

また、一〇月には泊原発に反対し、地元で岩内漁港の水温を測り続けている斉藤武一さんの講演会を開催。同じく一〇月に東京明治公園で開かれた「NO NUKES FESTA2009」に代表の竹田とし子さんが参加して全国の反原発団体と交流した。

一二月、前章で述べたように函館市は「大間原発説明会」を翌年に開催することを市民に告知し、二〇一〇年一月に函館市主催とは名ばかりの「原子力シンポジウム」が開かれた。その前後から提訴を前に函館市民に大間原発のことを知ってもらうための「大間原発勉強会」「大間原発説明会に行こう」といった勉強会を私たちは開催した。

また一月にはほかに大間原発パネル展と反原発のＤＶＤ上映会を市内二カ所で開催した。そして三月と四月あわせて四回の「大間原発訴訟の会」の提訴説明会と集会を開いた。二〇〇八年五月に建設工事を開始した大間原発は、二〇一〇年二月現在で三六・五パーセントの工事進捗率である。工事が始まって一年と一〇カ月が経ち原発敷地には巨大なクレーンが登場し、町の人はごく少数の人を除いて誰ものを言わなくなった。

二〇一〇年四月、東京海洋大学名誉教授水口憲哉さんの学習会「大間原発と温排水」を開催。

五月、京都大学原子炉実験所助教小出裕章さんの講演会「原発は危ない　大間原発はさらにあぶない」を開催。五月末には青森で大間原発提訴の報告会を開催。

七月、東井怜（あずまい）さんの学習会を開催。七月一五日には「提訴・訴状内容説明会」を開催。提訴直前の七月二五日には「第三回大間原発着工抗議集会」を大間町の〈あさこはうす〉で開催した。

裁判を起こす――市民グループが函館地裁へ提訴

二〇一〇年（平成二四年）七月二八日、「大間原発訴訟の会」は函館地方裁判所に訴状を提出した。国に対しては「大間原発原子炉設置許可処分取り消し」と「大間原発損害賠償請求」を、電源開発に対しては「工事差し止め請求」と「損害賠償請求」を求めるという内容の訴訟である。函館・大間そして全国からの一六八人に〝大間マグロ〟〝戸井マグロ〟を加えた一七〇人が原告となった。

一二時三〇分、快晴の空の下、函館弁護士会館で「提訴前集会」が行なわれ、竹田とし子代表、弁護団の共同代表で東京の河合弘之弁護士、函館の森越清彦弁護士、現地大間をはじめ青森・岩内などから駆けつけた支援者の挨拶が続いた。その後、隣接する函館地方裁判所に向かい、午後一時、竹田代表・弁護団・原告団・支援会員など五〇人で地裁の担当者に訴状を提出した。

提訴の瞬間はみな緊張したが、裁判所の受付の方が淡々と書類を受け取ってそれでおしまいだった。あっけないほどに簡単に受け取り、儀式の一つもないのかと思ったくらいだった。

続いて午後一時三〇分から、弁護士会館で記者会見と訴状の説明会を行なった。河合弁護士は、原発建設予定地に私有地を持ち、最後まで立ち退きに応じなかった熊谷あさ子さんの思い出を語った。海と土地を大切に自然とともに生きるという熊谷さんの思いを大切にしながら裁判を闘うと。訴状を担当した弁護士らからは津軽海峡に存在する活断層の存在、原発から出る温排水の環境への影響、核燃料サイクルの破綻の現状などが報告された。

会を代表して竹田とし子さんは次のように話した。

「国が電源開発に出した大間原子力発電所の設置許可処分取り消しと損害賠償、電源開発の工事差し止めと損害賠償という四件の訴訟を七月二八日に函館地裁に起こしました。

訴状完成まで、長い時間をかけて多くの弁護士の方々と会議を積み重ね、一八〇ページ余りの訴状が完成しました。みなさんのその多大な努力に感謝しています。

また、全国に呼びかけて署名を集め、異議申し立てに参加してくださった方々にも改めてお礼を申し上げたいと思います。

大間原発で私たちが危惧している点をしっかり裁判で明らかにし、これからも全力で大間原発の建設阻止に向けて取り組んでいくことを改めて決意しています。

原発をエネルギー問題のなかだけで語ろうとし、石油がなくなると脅かすなかに、将来の世代に危険な核のゴミを押し付けるという視点は国にも電源開発にもありません。まして、原発の定期点検という日常的作業のなかで、被曝にさらされる下請け労働者の問題など問われません。

大間原発の敷地のほぼ中央にある熊谷あさ子さんの遺した土地は、〈あさこはうす〉となって大間原発になびかなかった良心の砦となっています。提訴直前の七月二五日、第三回の大間原発反対現地集会が開かれ、北から南から志ある人たちが集まってくださり、絆を確かめ合いました。

今後とも、大間原発の裁判を忘れないで。そして引き続きのご支援をお願いします」

一一月二四日、私たちは大間原発訴訟のうち国を相手にした「大間原発原子炉設置許可処分取り消し」を取り下げた。これは、国が「大間原発原子炉設置許可処分取り消し」の裁判管轄は函館地裁ではなく、東京・青森・札幌・仙台の四カ所であり、青森で一括して審理すべきと主張したためである。「大間原発訴訟の会」では函館での裁判を求めて、国への「大間原発原子炉設置許可処分の取り消し」の取り下げを選択をした。

訴状の第一章には、大間原発の炉心近くに土地をもち、最後まで電源開発に売らなかった故・熊谷あさ子さんのことが書かれている。

訴状　第一章

1、大間原子力発電所の設置に最後まで反対を貫いた熊谷あさ子さんとその意思を受け継いだ子どもたち

被告電源開発株式会社の大間原子力発電所の建設予定地には、かつて多くの原子力発電反対の地権者がいたが、この約三〇年の間に行政や被告会社の圧力、金銭的誘導により不本意ながらほとんどが買収に応じ、残ったのは熊谷あさ子さんのみであった。

熊谷あさ子さんは、今から四年前、不幸にも不慮の死をとげたが、その子らは、母の意思を

ついで、今も反対の意思を貫いている。その中の一人、原告小笠原厚子は、本件原子力発電所原子炉設置の許可処分に対する異議申し立てにあたり、次のとおり意見を述べている。本書面の始めに、その意見を掲げ、本件全体的理解の一助としたい。

「私は大間原子力建設予定地の炉心近くの地権者、熊谷あさ子の娘です。母は二年前に不慮の事故で亡くなりました。母は三二年前に大間原子力発電所の計画が立った時から反対していました。原子力発電所のような危険なものを子や孫に残したくないといつも言っていました。

母の口ぐせは大間の海は『宝の海』だ。

土から命をもらい、海から命をもらい育ってきた母は、本能的に原子力発電所に対しての危機感を持っていました。先祖代々続くマグロ漁師の家に育った母にとって、大間の海は本当に宝の海だったのです。大間の海からは全国的に有名なくろまぐろ、昆布などの海藻、うに、いか、たこ、ひらめなどたくさんの海産物が獲れます。

また、母は、祖父から土地を受け継ぎましたが『どんなことがあっても土地を手放してはいけない』というのが祖父の遺言でした。『土があればどんなことがあっても生きてゆける』と私たちにいつも言っていた母の言葉です。その畑で野菜を育て、私たち兄妹も育てられました。

今、その土地に母の思い出の家『あさこはうす』が建っています。今でもその畑では、いちご、カボチャ、キャベツ、みょうが、じゃがいもなどが育っています。

土地から穫れる野菜と海から獲れる海産物で、私たちは生きていけます。その豊かな土地を子や孫に残したいというのが母の切なる願いでした。」

二〇〇六年（平成一八年）五月一九日、突然亡くなられた熊谷あさ子さんの「原発は嫌だ」という強い思いは、電源開発を動かし炉心の位置を変えさせた。そのために原子炉設置許可が遅れ、建設着工も遅れた。熊谷さんの存在がなければもっと早くに大間原発は全国の人に知られることなく完成してしまっただろう。

二〇一二年（平成二四年）一二月一一日には「ストップ大間原発道南の会」の会長・大巻忠一さんが亡くなられた。長く会長を務め、電源開発の第一次ヒアリングに函館市が不参加なのはおかしいと裁判を起こし闘ったのも大巻さんの力によるところが大きい。多くの方の大間原発反対の思いがこの裁判を支えている。熊谷さん・大巻さんの思いを無駄にすることなく裁判を闘おうとあらためて私は思う。

クリスマスイブは函館地裁へ

二〇一〇年七月に提訴してから第一回目の口頭弁論が一二月二四日に決定した。師走、それも暮れの押しせまった二四日はクリスマスイブでもある。仕事する人間には月末であり年末である。先生でなくとも走り出したくなるほど気ぜわしい時期だ。一年間の終わりをあと一週間だけを残す日に裁判を開くというのはいったい誰が決めたのだろう。準備書面を用意する弁護士たちの忙しさもまたしかり。しかし決まったことであれば仕方がない。「クリスマス・イブは函館地裁へ」を合い言葉に市民に傍聴を働きかけることにした。大間原発裁判の初めての口頭弁論の日に、函館地裁を大間原発を止めたい人たちで埋めたかった。

一二月の裁判に向けて、一一月には訴状説明会「地震活断層」、一二月には二回目の訴状説明会「道南の被害・損害」、同じく一二月に「大間原発市民集会」を開き、函館市民に大間原発裁判の関心を高めてもらうための活動を続けた。竹田とし子代表は「二〇〇六年に裁判をすると訴訟の会を立ち上げて四年。署名活動から二〇〇八年建設許可が出たのを受けて異議申し立てへと時は流れました。私たちの思いは一つ。大間原発はいりません。大間原発おおまちがい、と言ってきました。いよいよ本番です」と話し、師走の慌ただしい時期に裁判に来てもらうために「クリスマス・イブは函館地裁へ」を合い言葉に函館市民に呼びかけ続けた。

一二月二四日正午、函館弁護士会館で集会のあと、函館地方裁判所に向かった。いよいよ第一回の大間原発訴訟口頭弁論である。裁判所のロビーには傍聴を希望する人たちが集まり始め、最終的に一〇〇人を超えた。午後一時三〇分、第一号法廷に国、電源開発、原告団、双方の弁護人が揃った。裁判長から訴訟の確認があり、原告三人の意見陳述が始まった。

まず代表の竹田とし子さんから「大間原発は函館との距離からしても函館原発と呼んでもいいもの。チェルノブイリの事故の記憶を思い出してほしい。もし事故が起きれば函館市民の暮らしは破壊されてしまう」との意見陳述を行なった。

大間原発敷地内の地権者で故・熊谷あさ子さんの娘である小笠原厚子さんは「大間の海は宝の海といった母の言葉を考えてほしい。はうすの周りのフェンスは人間として扱われている気がしない。次回期日は母の命日。母も裁判に参加している気がする」と訴えた。

三人目の原告代表の加藤進さんは「妻が函館を気に入り暮らし始め、今は三人の子どもの父です。

琉球大学時代、大学の上空を常に米軍機が飛んでいた。函館に住み安心と思ったが大間原発を知り不安になる。会社経営者として一四八名の社員と家族に責任をもちたい。函館に毎年産まれる約二〇〇〇人の赤ちゃんのためにも厳正な審理をお願いしたい」と述べた。

法廷で静かに行なわれた三人の原告の意見陳述は、聞く人の胸に迫る熱い言葉にあふれていた。その後、東京の河合弘之弁護士・内山成樹弁護士・只野靖弁護士から訴状の説明が行なわれた。そして一時間三〇分の予定を終え、第一回目の裁判は終わった。

七月の訴状提出のときもそうだったが、初めて原告として裁判所に向かうのはそれ以上に緊張するものだった。全国からの原告を含めて一〇〇人以上の傍聴希望者のうち、抽選で五〇人ほどが傍聴に入ることになり、私は傍聴席から傍聴席と陪審席を隔てる木のバーを開けてなかに入った。ベンチのような長い椅子に座り弁論開始を待った。三人の意見陳述と弁護士のプレゼンテーションが行なわれている最中、被告の国と電源開発の代理人(弁護士)は感情をいっさい表に出さなかった。三人の裁判官もまた下を向いていたり、ときには居眠りしているように見えた。そんなふうにして滞りなく裁判終了後、裁判所の外に出て私の緊張は一気にほぐれた。

裁判が終わり、隣の弁護士会館で報告会が行なわれた。訴状を担当した弁護士から内容の説明が行なわれた。大間原発の危険性と問題点の解説だった。訴状は何度も弁護団会議を開き、ダメ出しを受け、書き直しに次ぐ書き直しの末に完成させたもので、あらためてそれを聞くのは感慨深いものがあった。

原告となって裁判の渦中に入り、さまざまな手伝いと後方活動をする忙しい日々が新たに始まった。時間があっという間に過ぎてゆき、気付いてみると年を越していた。三月の総会、そして大間原発学習会や大間町訪問を計画するうちに二〇一一年の三月一一日となった。

――二〇一一年三月一一日、東日本大震災

二〇一一年(平成二三年)三月一一日午後二時四六分、宮城県・牝鹿半島の東南東沖約一三〇キロの海底を震源とする巨大地震が東日本を襲った。地震とそれに続く津波によって死者一万五〇〇〇人、行方不明者三〇〇〇人以上という甚大な被害が東北地方を中心にもたらされた。津波の映像がテレビで流されるなか、日本全体が呆然となりこの事態に呑み込まれていた。東北から関東にかけて地震・津波・液状化現象などで交通が寸断され、地域によっては広範囲に及ぶ停電によって情報も届かず、避難もままならないことになっていた。

地震により福島第一原発敷地内にある送電線鉄塔が倒壊、外部電源が途切れた。原子炉の冷却のために非常用ディーゼル発電機が稼働したが、午後三時三〇分頃に到達した津波は原発の非常用発電機のほとんどを水没させた。午後三時四二分までに一号機から三号機までのすべての交流電源を喪失、ステーションブラックアウトに陥った。

福島第一原発の吉田昌郎所長は、原子力災害対策特別措置法一五条の「原子力緊急事態」と判断し、原子力安全・保安院、東京電力本店などにファックスで通報。午後七時三分、菅直人首相(当時)は同法施行後初めての「原子力緊急事態宣言」を発令した。政府は午後九時二三分、福島第一原発から半径三キロの住民に避難を、半径一〇キロの住民に屋内退避を指示した。

その後の経緯を記しておくと、一二日午前二時、保安院は東電からの報告を受けて、一号機の格納容器の圧力が上り続けていることを発表。午前三時六分、一号機の圧力を下げるために「ベント」(圧力を下げるために蒸気を抜く)作業の実施を発表。

午前五時四四分、一〇キロ圏内の屋内退避指示に変更。

午後二時過ぎ、原発周辺の大気中から放射性セシウムや放射性ヨウ素を検出。

午後三時過ぎに、一号機のベントが午後二時四〇分に成功したと発表。

しかし午後三時三六分、一号機の原子炉建屋が水素爆発した。

一四日午前一一時一分、今度は三号機が水素爆発した。

午後八時過ぎには、二号機の水位低下により燃料が露出した可能性を説明。

一五日午前〇時過ぎに二号機のベントを開始。午前六時一〇分には作業員が一時退避した。同時に四号機の原子炉建屋が破損していたことを発表。

三月一八日、保安院は事故をレベル五と発表。しかしその後、四月一二日にはレベル七であることを認めた。そして五月一二日、一号機のメルトダウンを認める。一五日には三月一二日朝にメルトダウンしていたこと、二四日には二号機と三号機もメルトダウンしていたことを認めた。

事故当初、政府が「直ちに健康には影響ありません」を繰り返していたのは嘘であった。事故直後から政府、原子力安全・保安院、東京電力は情報を隠し、遅らせ、過小に発表し続けた。大手メディアの政府寄り報道も手伝って、国民全体が不信と恐怖のなかで日々を過ごした。

「大間原発訴訟の会」では福島第一原発事故を受けて、あらためて原発事故の恐ろしさを伝えていくために次のような活動を行なった。

三月一三日、「原子力資料情報室の記者会見を見て語る会」の開催。

三月一四日、「声明文」を発表。「原発は巨大地震に耐えられない。すべての原発の停止と点検、そして大間原発の建設中止」を訴え、国や函館市・大間町ほかに送付した。

一六日には函館市に「原発震災への対応について」要請。

二三日には、電源開発に「大間原発建設断念」を要請。

電源開発は、三月一一日から大間原発建設工事を休止していることを一七日に公表した。理由は資材や燃料の不足とある。しかし大間町への説明では、今回の原発事故で見直さなければならないところが出るが大間原発の工事再開に全力をあげるとしている。その後も会では、三月三一日と四月三日・一四日に「大間原発いらない、原発震災を見て話そう」を市内で開催する。

五月八日には元原子炉格納容器設計者の後藤政志さんの講演会を開催。福島第一原発事故の概要を聞いた。事故後インターネットを通じて事故の解説をしてきた後藤さんの話はわかりやすく、長く原子炉格納容器の設計に関わり、原発の危険を事故前から訴えてきただけあって、その話は説得力のあるものだった。急な開催にもかかわらず一〇〇人を超える参加者があった。

裁判と意見陳述

二〇一一年(平成二三年)五月一九日、私たちが起こした大間原発訴訟の第二回の口頭弁論が行なわれた。奇しくもその日は熊谷あさ子さんの命日であった。

意見陳述は大間町在住の奥本征雄さんと七飯町在住の山田あゆみさんの二人。奥本さんは、三五年に渡る大間原発反対運動のなかで地域の絆が壊れていった哀しみを怒りを込めて話した。山田さんは、酪農家としてチーズづくりの仕事を通して、また、三人の子どもの母親として動物たちと一緒に自然の中で生きる命の大切さを訴えた。二人の意見陳述は聞く人の心を揺さぶるものだった。

九月八日、第三回口頭弁論では道南に住む二人の意見陳述が行なわれた。函館市の元編集者加納諄治さんは、街づくりに参加している立場から「普通に安心して暮らせる街、人々が集いたくなる街でありたい。函館の住民として大間原発の建設差し止めを強く求める」と主張した。北斗市の主婦上田桂さんは「未来に残すものは便利だけれど危険な放射能の世の中ではなく、安全で安心な自然であるべき」と述べた。

裁判を進めるうちに傍聴を希望する原告が傍聴できないことが大きな問題となった。毎回裁判に駆けつけながら傍聴できずにいる原告たちから「おかしい」との声があがり、裁判所側とのやり取りが続いていた。九月の時点で原告席は五七席。原告すべてが傍聴できるようにこれからも交渉を続けることを報告会で決定した。

その年の一二月九日、第四回口頭弁論が行なわれた。東京弁護団の河合弘之弁護士が福島第一原発事故の影響について、原発から三〇〜四〇キロ圏内であるにもかかわらずホットスポットになってしまい高い線量で人が住めなくなってしまった飯舘村を紹介した。医師の長谷川昭一氏は、夏に福島の子どもたちを函館に招いた経験から、福島で暮らす子どもと親の置かれた状況、外で遊ばせられないために子どもの体力が落ちたことについて述べた。元高校教師の中森司さんは七〇〇〇人を超える生徒たちを教えてきたがその子たちの未来に原発を造り、その後始末をおしつけてしまうことを申し訳ないと述べた。

二〇一二年三月九日、第五回口頭弁論が開かれた。この回の意見陳述は福島から避難されている小松幸子さんが、自然豊かな鮫川村が原発事故で放射能に汚染され、事故後三人の子どもを連れて転々と避難した経緯を話した。そしてようやくたどり着いた函館で大間原発のことを聞き、絶対に原発は建ててはいけないとの思いを強くしたと述べた。元・戸井町(現・函館市)議員の太田正太郎さんは、国と電源開発に大間原発説明会の開催を要請したが、EPZ(原発から一〇キロ圏内)の外側ということで認められなかったことの不当性を述べた。森越弁護士から、原発の安全審査の欺瞞性は〝原子力村〟にあり、原子力産業会・行政・産業界・財界・メディアの構造的責任を追及した。

六月八日、第六回口頭弁論が開かれた。東京弁護団の河合弁護士が、日本だけは原発を動かしてはいけない理由や全国における原発差止め訴訟の状況を述べた。また大間町在住の佐藤亮一さんは、大間町の自然の美しさを強調、大間原発でもし事故が起きれば国道に町民が殺到し、さらなる悲劇が起きる可能性を訴え、裁判官に現地視察を求めた。

九月二八日、第七回口頭弁論が開かれた。意見陳述は福島から避難されている鈴木明広さん。息子さん二人を連れ父子三人で避難してきた経緯を語った。〝原子力村〟の経済的合理性によって自分たちが切り捨てられたことは、大間原発で事故が起きれば同じことが起きると指摘した。

一二月二七日、第八回口頭弁論が開かれた。意見陳述は北海道アイヌ協会函館支部の加藤敬人さんが、大間原発が事故を起こしたときの不安について陳述した。横浜の牧野美登里さんは、世界で初めてのフルMOXの原発の不安を述べた。

二〇一三年三月一五日は第九回口頭弁論が開かれ、原告三人の意見陳述が行なわれた。千葉県の菅野真知子さんは福島第一原発事故が千葉県に及ぼした影響について話した。事故後一週間して浄水場から放射性ヨウ素検出、県内の農産物の出荷停止、秋には土壌から一キロ当たり二七万ベクレル、四五万ベクレルの高濃度の放射性セシウムが検出されるなど、二〇〇キロ離れていても放射能が飛散する恐怖を語った。北斗市の上田桂さんは、福島からの保養に来た子どもとその家族から聞いた話を披露した。続いて運営委員である私・野村が、チェルノブイリ原発事故をきっかけに反原発に関わるようになり、大間原発を止めたいと思って活動してきたこと、原発は放射性のゴミ処理問題などを未来へ付け回すことであることを述べた。また大間原発は六ヶ所再処理工場でつくられるプルトニウム処理のためであり、つくられる電気は誰も必要としていないことなどを意見陳述した。

この回の裁判では裁判長から「拍手は止めてください。基本的には禁止されています。いいですか」との発言があった。裁判後の進行協議では「意見陳述が三人は多すぎること、弁護士のプレゼンテーションは必要ない。毎回複数名で、ひとりにつき一〇分以上は多すぎる。そもそも毎回、意見陳述やプレゼンテーションをする必要があるのかどうか」などの意見が裁判所側から提案された。納得できない原告と弁護団は要望書を提出することを決めた。

四月二六日、函館地方裁判所に第三次提訴を行なった。原告は二八七名で第一次・第二次と合わせて合計六六五名となった。

これまでの裁判を振り返ると、わかりやすい裁判をめざすという弁護団の意向から、原告の意見陳述や弁護士たちのプレゼンテーションなどを丁寧に行なうなど従来の裁判とは一線を画したものだった。傍聴人からも裁判がよくわかると好評を得ていた。しかし、裁判官や被告である国や電源開発の代理人たちは旧態依然とした審理の方針を変えず、その場で意見を求める求釈明を行なっても返事が返ってこないという状態だった。また、福島から避難して来られた方の意見陳述で、実際に体験された恐怖や各地を転々とする避難の様子など心を動かされる場面でも、裁判官や被告はほとんど聞いていない様子で目に余るものがあった。そのうえ裁判所側からは「意見陳述の人数が多すぎる」「陳述時間が長過ぎるから改善するように」との意見が数回出された。裁判の報告会では傍聴人から「意見陳述の必要性と裁判官も被告も聞いていないのは職務怠慢ではないか」との意見も出された。これを受けて、前回裁判での進行協議のなかで指摘されたことを踏まえた要望書が裁判所に提出された。「大間原発訴訟の会」函館弁護団代表・森越清彦弁護士に裁判について率直な話を聞いてみよう。

森越清彦弁護士に聞く

――「わかりやすい裁判をめざして」とありますが、どういうことですか？

森越　裁判というのは原告と被告が準備書面をお互いに提出し、それを読んで裁判するという歴史でした。原告も被告もお互いにわかってもらうというよりも、自分たちの主張を専門性の高い言葉で書き、わかるための言葉ではなかった。傍聴人もわからないままに裁判が進んでいたのです。大間の裁判もまた原発という難しい内容のため、原告も裁判長も置き去りにして進んでいきがちです。この裁判はよくわかる裁判をめざしたいと思い、さまざまな角度から考えています。原告の意見陳述はそれぞれ個性的です。また代理人のプレゼンテーションはパワーポイントを使って視覚的に訴えながら論点をわかりやすく説明しています。できるだけ裁判長の心の琴線に触れるような形で進めたいと思っています。

大間原発を止める市民グループの運動と裁判が両輪になっているのがいいですね。裁判を市民に知ってもらうために裁判当日に集まった人たちで裁判所の前を歩いてアピールしたこともありました。また裁判に入れなかった人のために小さな集会やＤＶＤの上映会等を企画しています。

――この裁判で何を求めているのでしょうか？

森越清彦弁護士

森越　電源開発には稼働中止を求めています。国には原発建設計画が進んでいることによって起こる不安感と恐怖に対する損害賠償を求めています。大間に原発が建てられることはわれわれにとって許しがたいことなのです。損害賠償額は一応一〇〇〇万円としましたが、損害は金額では現わすことができません。自分の人生・家族・自分のすべてが消えてしまう恐怖はお金で表わせません。私は無限大と思っています。

――大間原発最大の問題点は?

森越　一番大きいのはフルMOXということですね。世界中どこでも実験も実証もしていないフルMOX原発を商業炉として動かすのです。それも世界一の巨大な規模で動かすのです。しかも建設主体は初めて原発を造る電源開発という会社です。大間原発はプルトニウムを燃やさなくてはならないという国の政策上からきているからです。国民のために電気をつくるという発想はまったくありません。全国から集められた使用済み核燃料から取り出されるプルトニウムを大間でどれだけたくさん燃やすかということだけです。それが使命なのです。しかもプルトニウムをつくるためには六ヶ所での核燃料サイクルが必要です。プルトニウム製造技術が絶対必要であり、核をもつための技術を日本が保持していくためと国は主張しています。自民党の政治家が何人も公言しています。

活断層問題も大きいですね。泊原発反対運動の共同代表の小野有五さんは、青函トンネルの地下ルートを調査して、下北半島の下に大きな活断層があり、それが大間ルートではなく竜飛ルートを選んだ理由だと言っていました。

敷地内に未買収地が存在する世界で初めての原発です。そこに家が建ち、人が生活しています。また大間町の町機能のすべてが原発から三キロ以内にあります。大間原発でなにかあれば町の機能はすべて止まってしまいます。町民への避難誘導、各種の連絡などもできなくなる可能性が大きいのです。

（二〇一三年二月インタビュー）

第7章 フルMOX原発の危険性

猛毒物質プルトニウムを燃やす大間原発

人間がつくり出した最悪の猛毒物質といわれるプルトニウム。大間原発はそのプルトニウムとウランを混ぜた混合酸化物燃料＝MOX（モックス）燃料を一〇〇パーセント装荷する世界で初めての原発である。

プルトニウムの半減期（放射能の影響が半分になる期間）は約二万四〇〇〇年。人類の歴史に匹敵する長さである。人間の年間摂取量の限度は一万分の一ミリグラム。見ることも測ることもできないようなわずかな量なのである。言い換えると、一グラムのプルトニウムは一八億人分の摂取限度量なのだ。

大間原発では炉心のすべてにこのプルトニウムを用いたMOX燃料を入れるため、プルトニウムの装荷量は一年間で六・五トンになる。長崎に落とされた原爆は六キログラムのプルトニウムから造られた。大間原発で扱うプルトニウム六・五トンは長崎型原発が一〇八〇個以上製造可能な量である。その六・五トンのプルトニウムを含むMOX燃料は国際海峡である津軽海峡から船で運ばれてくる。核燃料輸送はこれまで秘密裏に行なわれてきたが、それでも台風、船の衝突、テロなど、様々な事故のリスクを回避することはできない。また実際に、プルトニウム輸送時に放射能が漏れる事故がヨーロッパで多発している。

■プルトニウムとは何か■　プルトニウムがどのようにしてできるのか説明しておきたい。

物質は目に見えない小さな「原子」でできている。原子の中心には「原子核」があり、その周りを「電子」が回っている。私たちの周りでは、ものが燃えたり壊れたりといった様々な現象——化学反応が起きるが、それらはつきつめていえばみんな原子がくっついたり電子が動くことによって起きている。しかしどのような化学反応が起きようとも、物質の中心にある原子核だけはまったく動くことはない。原子核は「陽子」と「中性子」が強い力で結ばれた小さな固まりである。ところがこの原子核のなかで「ウラン二三五」などごく特殊な(分裂しやすい)原子核に中性子を一つぶつけると、原子核は崩壊して大きなエネルギーと放射線を出す。これが「核分裂反応」である。

ウラン燃料のなかで核分裂しやすい「ウラン二三五」は約〇・三パーセントで残りが核分裂しにくい「ウラン二三八」である。原子炉のなかでウラン二三五を核分裂させると、ウラン二三五とウラン二三八、それにエネルギーと核分裂生成物ができる。核分裂によって出てきた中性子をウラン二三八が吸収すると「プルトニウム二三九」に変わる。使用済み核燃料のなかから取り出したプルトニウム二三九にさらにまたウラン二三八を混ぜた燃料を「ウラン・プルトニウム混合酸化物燃料＝MOX燃料」という。圧倒的に量の多い燃えない(核分裂しない)ウラン二三八をプルトニウムに変えて燃料として再利用しようとするのが「核燃料サイクル」である。

これまで日本では通常の原発でMOX燃料を燃やすプルサーマル計画を進めてきた。日本のプルサーマル計画では炉心のＭＯＸ燃料装荷は三〇パーセント前後である。ドイツ・フランスなどではＭＯＸ燃料の装荷率はだいたい一〇パーセント程度でしか行なわれていない。しかも経済的に合わないという理由から世界でも利用炉は二〇基を超えていない。ヨーロッパでは経済性や安全性の点から炉心へのＭＯＸ燃料の装荷率が低く抑えられているのである。

技術的に取り扱いの難しいプルトニウムとウランを混ぜたＭＯＸ燃料ができた理由は、世界で有り余ったプルトニウムの処理に困り、原発で燃やしてしまおうと計画されたからであった。しかし、経済性に見合わないこととプルトニウムの毒性の強さから安全性の確立が難しく、原発大国のフランスでさえＭＯＸ利用計画は進んでいない。

大間原発ではＭＯＸ燃料を全炉心に装荷するが、ウランとプルトニウムの核分裂は基本は同じである。核分裂する性質をもつ原子に中性子をぶつけると「核分裂」が起き、出てくる中性子がまた次の原子にぶつかって核分裂し、次から次へと核分裂が連鎖反応で起きる。この連鎖反応は大変なスピードで起き、核分裂するときにとてつもないエネルギーが生まれる。そのエネルギーを破壊のために利用するのが原爆であり、エネルギーを熱に変えてタービンを回し電気をつくるのが原発である。原子力開発はその成り立ちからして破壊のために進められたものである。核分裂をなんとかコントロールしながらエネルギーを取り出し、熱に変えて使おうというのが原子力発電であるが、プルトニウムのコントロールはウランよりもさらに難しい。

■核分裂の発見■　ウランの核分裂反応が発見されたのは一九三八年（昭和一三年）。第二次世界大戦直前であった。物理学者たちは核分裂の連鎖反応からこれまでと桁違いのエネルギーが発生することをすぐさま理解し、世界中で原爆の開発競争が始まった。核分裂エネルギーを戦争のために利用しようとするものだった。

ナチスドイツの台頭を恐れた亡命ユダヤ人科学者であるレオ・シラードやアルベルト・アインシュタインらはアメリカに原爆開発を進言した。ナチスドイツより前に原爆を完成させなければ世界はナチスに支配されると恐れたのだった。

自国が戦場にならず戦争による疲弊の少なかったアメリカは「マンハッタン計画」と呼ばれる核開発を遂行した。そして一九四五年(昭和二〇年)、日本の年間国家予算を超える総額二〇億ドルと一〇万人ともいわれる優秀な科学者・技術者・労働者をつぎ込み、原爆を完成させた。一九四五年八月、広島に落とされた〈リトルボーイ〉と長崎に落とされた〈ファットマン〉である。

その後、アメリカとソ連の冷戦構造のなかで世界は分断される。その後も核の力で世界を支配しようと、世界はより大きな破壊力をもつ原水爆の開発競争に陥っていく。

第五福竜丸が問いかけるもの

一九六〇年代から一九七〇年代まで地球規模の核実験が続き、核をもつ国々のほとんどは自国以外の地域で核実験を繰り返し、二〇一一年までに二一〇〇回を超える核実験が行なわれ、地球を汚染した。その放射能汚染はいまも続き地球を汚し続けている。第5章でも触れたように一九五四年(昭和二九年)、日本のマグロ漁船〈第五福竜丸〉がビキニ環礁の核実験の爆心地から一六〇キロも離れた地点で被曝し、無線長の久保山愛吉さんは半年後に放射線脳症で亡くなった。マグロ漁船の被曝は第五福竜丸だけではなく、日本では一〇〇〇艘を超える漁船が被曝したという。

しかし、アメリカと日本の両政府はこの事実を隠し、第五福竜丸には見舞金という形で金を払い、核実験による被曝問題を片付けてしまった。それ以前、米国の占領政策による情報統制で原爆報道は規制され、広島と長崎の原爆についての詳細はほとんどの国民には知らされていなかった。一九五二年(昭和二七年)、占領政策の終焉と報道統制が解除されたことで、第五福竜丸の放射能汚染問題は国内に報道されたのである。それだけでなく数々の偶然と奇跡によって第五福竜丸が直面したこの事件が白日の下に晒された。その第一報をスクープしたのが、原子力の平和利用を画策した読売新聞の記者だったというのは皮肉である。

一連のアメリカによる核実験により被曝した日本船のなかに函館市に所属する船があったことがわかっている。函館市の船会社の持ち船のうちの一艘だったが、神奈川県の船籍になっていたため最初は表に出ず、のちの調査で発覚した。ただ、その後この船会社は倒産し船の行方は不明となった。また第五福竜丸が捕獲したマグロは放射能に汚染された可能性があるとして中央卸市場で競りから除かれた。しかし、三月から四月にかけてほかの被曝船が漁獲したマグロは競りにかけられたものもあり、少なくない数のマグロが市場を通して出回ったという事実がある。このことは食卓を預かる主婦たちにパニックを引き起こし、食卓からマグロが消えた。その後の調査で被曝マグロは札幌の市場に三尾送られたことがわかっている。

また函館との関わりとして、九月に亡くなられた無線長の久保山愛吉さんに送られた手紙がある。乗り組員は焼津から治療のために上京し、東京の病院に入院していた。このことが新聞で報道されたこともあり、乗組員たちに全国の特に子どもたちから手紙や絵が送られた。家族から離れ辛い闘病に耐えている乗組員たちにとってこの便りは家族の手紙とともになによりの慰めだったという。台風一五号による突風で沈没した洞爺丸に搭載されていた郵便物のなかにも久保山愛吉さん宛の一通があった。

一九五四（昭和二九年）年九月二六日、函館を出航した青函連絡船〈洞爺丸〉は台風一五号の突風を受け沈没した。死者・行方不明者合わせて一一五五人という日本海難史上最大の惨事となったこの事故が起きたのは第五福竜丸事故と同じ年の秋だった。船には函館からの郵便物が搭載されていて、沈没を知った函館の郵便局員が荷物の流れ着いた七重浜（ななえはま）一帯を捜索し、流れ着いた郵便物を見つけた。その郵便物のなかに東京で入院中の久保山愛吉さん宛の手紙を発見し、本人宛に送ったという。しかしその手紙を久保山さんが読むことはなかった。

第五福竜丸を訪ねて

久保山さんが亡くなったのは九月二三日の秋分の日。午後六時五六分、医師、家族、第五福竜丸の患者八人に囲まれるなか息を引きとった。久保山さんは子どもたちの見舞いの手紙を読むこともならず、みかんの実る故郷に戻ることも叶わなかった。「原水爆の被害者は私を最後にしてほしい」という久保山愛吉さんの言葉が石碑に刻まれ残されている。石碑は夢の島公園内の第五福竜丸展示館の入口近くにある。一九五四年にこの言葉を残した久保山さんの意思は、その後も裏切られ続けている。

〈第五福竜丸〉と著者

私は原発に反対する活動に二〇年以上に関わりながら、ここに来て自分のなかに言葉にならないもどかしさが湧くのを抑えられないでいた。社会で起きていることに自分なりの声をあげることで社会と繋がり、それが社会参加と感じていた。しかし福島第一原発の事故後も国や経済界がつくり出す原発推進の大きな流れのなかで、市民としてできることはあまりに小さく、その役割が見えなくなりそうだった。社会との距離がつかめず、声をあげることの意義をもう一度見つけたいと願う気持ちで、二〇一四年六月一七日、夢の島の第五福竜丸の前に立った。

一九五四年、アメリカの水爆実験で被曝した第五福竜丸の事件はもちろん知っていた。しかし、本当の意味でこの事件を知ったのは一冊の本との出会いからだった。長谷川潮著『第五福竜丸物語 死の海をゆく』(文研出版、一九八四年)。この本には核実験の背景やその頃の日本の暮らし、漁船員の暮らし、被曝医療に取り組んだ医師たちの奮闘などが書かれていた。この本を読んでいつか必ず第五福竜丸をこの目で見ようと思っていた。

新木場の駅に降りて夢の島に向って歩くと、公園のなかにログハウス風の建物が見えた。なかに入ると体育館ほどの大きさの船が目に飛び込んできた。長さ二五メートル、幅五・七メートル、一四〇トンの木造、中型の船である。この船が四〇〇〇キロも離れた赤道近くまでマグロを追いかけ、漁をしたのである。船腹の両脇に蚕棚のような狭く短いベッドがあり、乗組員たちの船の暮らしが楽なものでないことがわかる。

木造の船体は錆と見まごうような色で木肌の荒れも激しく、打ち捨てられた時間の長さを感じる。この狭い船体にマグロを積んで日本をめざした。被曝した体で船を操りアメリカ軍からの追跡を恐れ、ようようの思いで乗組員たちは日本に帰り着いたのだ。漁をして家族の元に帰る日を夢見て、きつい労働に耐えてきた船員たちに、しかし故郷日本は安住の地とはいえなかった。

乗組員らがその後も体験したであろうその苦しい歴史とは相殺しようもないが、この事件によって米ソの核実験の非道で非人間的な真実が世界に届いたのだ。そしてこのことが日本初の市民による反核運動として全国に広がり、のちに世界へと運動が広がる端緒ともなったのである。

『第五福竜丸物語　死の海をゆく』のなかで、水爆が爆発したときの様子と死の灰を浴びて被曝したときの乗組員の様子が次のように描かれている。

一九五四年三月一日、マーシャル群島ビキニ環礁で漁をする第五福竜丸の乗組員は、早朝午前四時四五分(現地時間午前六時四五分)――のちに推定された時間――西のほうのはるかかなたの海面から「太陽のような火のかたまり」が天に昇るのを見た。〔中略〕

「その瞬間、南西の方角にあたる空に太陽よりやや大き目の火のかたまりのようなものがツーッと斜めに突っ走ったかと思うと、次の瞬間は黄身を帯びた朱色がたちまちのうちに空全

体に広がり、おおってしまった。」〔中略〕

火のかたまりが見えてから、無音のまま数分が過ぎた。そして、乗組員が平常の状態にもどりつつあったとき、「音」がやってきた。最初の光輝から音がくるまでの数分間という時間の長さを、測定したものはいない。音を予期したりはしなかったし、測定が重要な意味を持つことになるなどとは、だれも思いつかなかったからである。

音がやってきたとき、甲板にいた者は空からおそいかかった音波におおいこまれたように感じ、機関室にいた者は重々しい爆発音が海の底から響いてきたように感じた。それは単なる音ではなく、音の衝撃だった。〔中略〕

揚げ縄を開始してから二時間ほどたったとき、晴れていた空が一面にくもってきたかと思うと小雨が降りはじめ、奇妙なことに雨にまじって白い灰のような粉末がつぎからつぎへと舞いおりてきた。〔中略〕

晴れると止み、くもると降るというふうに、灰は降りつづいた。最初は全員その灰を無視して作業していたのだが、目に入ると痛いし、つよく息を吸うと鼻の中にはいってムズムズすると言った状況になったので、みなは帽子を目深にかぶったり、サングラスや水中メガネを持ち出してきてかけ、灰をふせごうとした。しかし、灰は容赦なく全身にふりかかり、甲板もうすく雪がつもったようになった。

乗組員が閃光のあと、全身に浴びた「灰」こそ、核分裂生成物「死の灰」である。この記事を取材した読売新聞の村尾清一記者が命名した。この言葉はその後、新聞紙面を席巻し、秋には言葉通りの哀しい事実となったことを日本中が知ることになった。そして「死の灰」を持ち帰った乗組員たちの功績によって、アメリカの核実験の水素爆弾の構造を科学者の分析から知ることとなった。死の灰のなかから核分裂生成物ではない「ウラン二三七」が多量に見つかり、そのことからビキニの水素爆弾の構造は、中心に点火用の原子爆弾があり、周りを重水素リチウムで取り囲み、その外側に天然ウランが巻き付けてあるという三つの階層構造をもつ爆弾であることを推定した。つまりアメリカの国家機密に手が届いたのである。私には多くの歴史を船体に刻んでいまそこにある第五福竜丸から一つの大きな意思が見えるような気がした。

原爆と原発

第二次世界大戦のあと核で世界をコントロールしようとしたアメリカは、核の平和利用を提案する。一九五七年、核をもつアメリカが中心となって世界の核のコントロールと平和利用を目的につくったのがＩＡＥＡ（国際原子力機関）である。

核分裂エネルギーのもつ巨大な力を破壊のために研究したのが原子力開発であり、目的は原爆製造であった。第二次世界大戦後、その原子力を使って原子力発電所が平和利用という名の下に造られた。しかし、原発と原爆の技術は同じものである。核分裂エネルギーを取り出し、蒸気でタービンを回しエネルギーを電気に変えて産業構造のなかに組み込むことが原子力の平和利用であった。原子力発電は原爆開発の産物であり、再処理工場とは原爆材料であるプルトニウム製造工場なのである。

一九八六年（昭和六一年）に起きたソ連のチェルノブイリ原発事故とその後の処理は、国としてのソ連を揺るがし、そのことも大きな理由の一つとなり連邦政府は崩壊した。米ソの冷戦構造は解消し、世界中で核軍縮が進められた。しかし、世界中でつくられた「核」すなわち「プルトニウム」はいまもそこにあり続ける。

プルトニウムは原爆の材料となる強力なエネルギー源ではあるが、その不安定性、毒性の強さなどその扱いの難しさから、いまではプルトニウムは財産ではなく、負債とみなされる。そのプルトニウムの処理方法としてのプルサーマルが世界的に検討された時期がある。日本のプルサーマルもまた、プルトニウム処理のためのプルサーマルなのである。

コントロールが難しいMOX燃料は危険

ウランとプルトニウムの核分裂の大きな違いは、核分裂によって出てくる中性子の種類の違いである。核分裂で出てくる中性子は二種類あり、反応が起きたときに瞬間的に出てくる即発中性子と、遅れて出てくる遅発中性子がある。即発中性子は反応が起きた直後、一〇〇兆分の一秒程度のきわめて短い時間で飛び出す。目にも留まらないその早さを人間はコントロールできない。遅いといわれる遅発中性子は全体の一パーセント以下である。その少ない遅発中性子は〇・四秒から数十秒にわたって飛び出してくる。人間はこの少ない遅発中性子をコントロールして、ようやく原発全体の核分裂をコントロールしているのである。

ところがプルトニウムが核分裂するときに飛び出てくる遅発中性子の割合は、ウランに比べて約三分の一と少ない。プルトニウム全体では遅発中性子の割合は〇・三パーセント以下になる。制御棒は中性子を吸収し、爆発的に増えようとする核分裂反応をコントロールするためのものである。核分裂のコントロールは燃料集合体のなかに制御棒を出し入れして、取り込む中性子の量を加減して行なう。しかしプルトニウムは制御棒が捕まえられる遅発中性子そのものが少ないため、核分裂のコントロールが難しい。制御棒が取り込む中性子の量が少なくなると、核分裂反応が進み、より多くの中性子が出てくることになる。その中性子はまた新たな核分裂を引き起こす。それがプルトニウムの核分裂のコントロールが難しい理由である。

爆発的に核分裂を引き起こすのはプルトニウムの性質であり、コントロールの難しさはプルトニウムの爆発の凄まじさである。そして原爆のもつ破壊力の大きさは兵器としての優秀さとなる。そのことがプルトニウムを燃やす大間原発のコントロールが難しく危険な理由であり、原発は小さな原爆である理由なのである。

プルトニウムを冷やし続ける永遠の時間

プルトニウムはウランに比べて核分裂断面積が大きく燃えやすいという性質があり、核分裂すると超ウラン元素という半減期の長い核種の生成が増える。そのためプルトニウムを混ぜたMOX燃料は発熱が長く続く。MOX燃料の使用済み核燃料は一〇〇年経ってもウラン燃料の使用済み核燃料の一〇年後よりも高いのである。これは原発が発電期間を終わったあとも永遠ともいえる時間

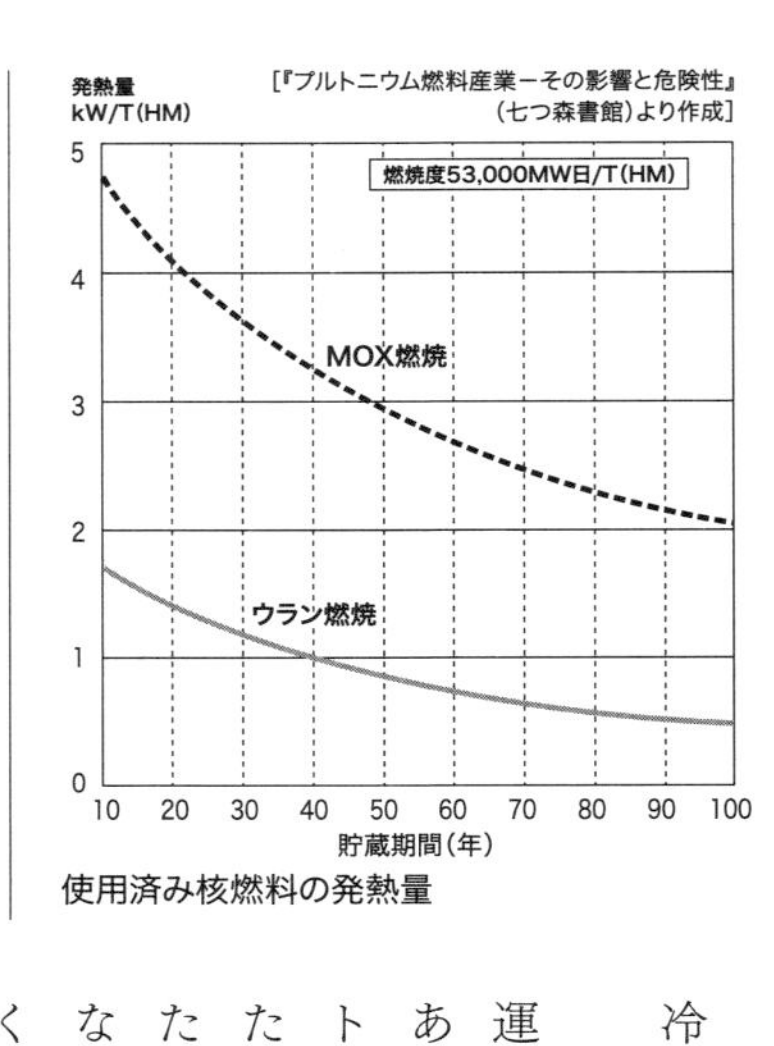

使用済み核燃料の発熱量

冷やし続けなければならないことを意味する。

発電を終えた原発の使用済み核燃料は再処理工場へ運ばれる予定だが、大間原発の使用済み核燃料はいまある六ヶ所村の再処理工場では再処理できない。プルトニウムも含めて超ウラン元素の核種が多く含まれるためである。大間原発の使用済み核燃料を再処理するためには、第二再処理工場を新たに建てなければならない。しかし、危険で寿命の長い「超ウラン元素」を多く含む使用済み核燃料を再処理するのはいまの再処理工場以上の危険を伴う。

一九九三年着工した六ヶ所再処理工場は現在もアクティブ試験中で、事故などで二〇回もその稼働が延期されてきた。二〇一三年秋の運転開始が予定されていたが、一〇月二九日になって竣工予定を延期したと地元に報告した。延長幅は未定である。

六ヶ所再処理工場では、これまでアクティブ試験中に約四二五トンの再処理を行ない、高レベル放射性廃棄物ガラス固化体を一一九本貯蔵している。再処理工場には使用済み核燃料の一〇〇〇トン入り貯蔵プールが三基あり最大三〇〇〇トンの貯蔵が可能である。しかし二〇一一年一一月現在で二八五九トンの貯蔵量があり、もうすぐ満杯になる。

六ヶ所ではもう使用済み核燃料の貯蔵を引き受けられなくなり、二〇一六年には必然的に日本の原発は稼働できなくなる事態を迎える。六ヶ所に運べない使用済み核燃料はそれぞれの原発の貯蔵プールに留めておくしかないのである。原発を容認するのであればその使用済み核燃料もまた同時に引き受けなければならないことを、六ヶ所再処理工場の現状が教えてくれる。

プルトニウムは人工的につくられたきわめて強い毒性をもつ物質である。内部被曝の影響が大きく、呼吸によって肺に取り込まれたプルトニウムは肺がんを誘発するといわれている。また中性子による外部被曝の影響も大きい。MOX燃料(使用前)の放射能は、ガンマ線でウラン燃料の約二〇倍、中性子で約一万倍強く、MOX燃料加工労働者の被曝量が増える。またMOX燃料から放出される中性子は水で止まる性質があるため、人体への影響の大きい放射線である。

原発は燃料に中性子をぶつけて核分裂を起こさせ、そこから出てくるエネルギーを電気に代える。核分裂が連続して起こるのが原爆であるが、原発は核分裂反応をコントロールしながらそのエネルギーを取り出すのである。核分裂のときに出てくる中性子の量や動きをコントロールするためには水や制御棒が使われる。MOX燃料はウラン燃料に比べてこの制御棒の効きが悪くなるのである。原子炉のなかでMOX燃料はウラン燃料の約二〇倍の熱中性子を吸収してしまうからだ。このため燃料集合体内部の熱中性子にばらつきが起き、制御棒による核分裂のコントロールが難しくなるのである。

また、MOX燃料の製造過程でウランとプルトニウムを混ぜるときに、比重の違いから均一になることが難しいため、燃料ペレットのなかでプルトニウムスポットという塊ができる。燃焼度が違うウランとプルトニウムは燃料棒のなかでそれぞれ核分裂したときに、かなりの温度差が出る。その〝燃えむら〟は燃料を包む被覆管に悪影響を与えその温度差が破損の原因になる。

また、MOX燃料から出る中性子の平均エネルギーは高く、放射線によって圧力容器や炉内の損傷が大きく、炉の寿命を縮める。九州電力の玄海原発では炉の老化により脆性遷移温度は九八度になり、その危険性が専門家から指摘されている。脆性遷移温度とは普通の金属が脆くなってガラスのように砕ける脆性になる温度の変化をいう。ふつう金属は熱を加えるとのびる延性という性質だが、高速中性子による被曝が蓄積するとガラスのようになる脆性に変わるときがくる。脆化した金属はある温度で力が加わるとまるでガラスのように割れる恐れがあるのである。

大間原発ではプルトニウムから出る中性子がウラン原発よりも格段に多いため、原子炉および炉内の金属の老化が通常の原発よりも早くなり、それだけ危険性が増す。原子炉は、運転中は高温を維持するが定期点検や緊急停止のときは燃料集合体に制御棒を入れることで核分裂反応を抑える。そのとき炉心の温度が急激に下がる。この急激な温度変化もまた原子炉に負荷をかける。力が加わるとまるでガラスのように脆くなる原子炉はその温度の変化に耐えられるだろうか。

プルトニウム輸送の危険性

大間原発に使用されるMOX燃料を搭載した船は国際海峡である津軽海峡を通り、敷地内の港に陸揚げされる予定である。ということは、地球上もっとも毒性の強い物質といわれるプルトニウムが函館市の目の前、津軽海峡を航行するのである。二〇〇一年九月一一日、ニューヨークでのテロ事件以降、国道・道道に設置されている立て看板を見たことがあるだろうか。「テロ警戒区域・不審なものを見かけた時は通報せよ」と書いてある。不審なものとは何なのかということはさておいても、姿の見えない攻撃であるテロの恐怖を煽っているのは国である。本当にテロによる攻撃を恐れるならば、原子力発電所や六ヶ所再処理工場のように多量の核物質を保管しなければならない核施設は即刻止めなければならない。〝原発銀座〟とよばれる若狭湾、〝核のゴミ捨て場〟とよばれる下北半島、そこをめがけて政府のいうテロ行為が行なわれたならば、破壊された核施設から放出する放射能で日本の国土のほとんどが壊滅する。

リスクはテロだけではない。船の衝突事故は常に起きている。また、津軽海峡は初夏の頃、海霧(ガス)の発生頻度が高くなる。数年前には青森放送のヘリコプターが霧深い天候のなかで行方不明になり、数日後大間沖の海上に墜落しているのが発見された。それ以外にも霧による事故発生率が高い地域として数々の事故が記憶に新しい。津軽海峡は太平洋と日本海をつなぐ水路であり、民間の船の航行も非常に多い海峡である。核搭載の外国船の航行も懸念されている航路である。そこを危険なプルトニウムを積んだ船が航行するのである。しかし、警備上も国策上もプルトニウム燃料を搭載した船の航行ルートや日時が公開されることはないはずである。それは機密事項であり、一般市民は何も知らされない。イカ釣りの船の隣をプルトニウムを積んだ船が通り、フェリーが行き交う航路をプルトニウム輸送船が航行するのである。

「放射能の涙」

恐ろしいことがフランスで起きていた。一九九八年(平成一〇年)、フランスの核燃料公社が運転する使用済み核燃料輸送に使われている鉄道車両が高い放射能で汚染されていることが報道された。これは氷山の一角でその後、フランスのラ・アーグ再処理工場、イギリスのセラフィールド再処理工場への輸送途中で数々の汚染が日常的に起こっていることが表面化した。

調査により、フランスの再処理工場につながるバローニュ駅到着の輸送容器や車両が汚染されていることもわかった。コバルト六〇、セシウム一三七などが検出され、汚染の最高値は一平方センチメートル当たり八〇〇〇ベクレルだった。

ドイツでも一九九七年、輸送容器の一平方メートル当たり数千～数百ベクレルの汚染が検出された。車両では一万三〇〇〇ベクレルという高い汚染が検出された。しかもヨーロッパ各国の原子力関係者はこの汚染を隠そうとしたことも明らかになった。次々と汚染が発覚した輸送容器は原発を出るときの汚染は規制値以下だった。それはなぜか。汚染は輸送途中の何らかの変化によるものと推測されたが、このことはずっと以前から原子力関係者には周知の事実であったことが、一九九〇年にＩＡＥＡ（国際原子力機関）が発行した『安全基準書』シリーズ三七に次のように掲載された。

輸送容器は貯蔵プールに浸された状態で使用済み燃料を積み込むが、その際プールの汚染された冷却水が容器のコーティング部分などに付着したり、入り込んだ状態で、汚染を検出されないまま原発を出る。このようにして表面の一部に残った放射能が輸送中に温度や湿度の影響で、イオン化したり、水蒸気などと混じって表面に出て、容器や車両を汚染する。

これは一九九〇年（平成二年）の報告書である。ということは問題が発覚する前にＩＡＥＡは、輸送容器の汚染とその原因がわかっていたのである。しかしなぜ汚染はその後も続いたのだろうか。問題が発覚する前に、各国は容器のまわりにゴムの覆いをかける、汚染されたねじをシリコンでコーティングするなど汚染を防ぐ方法を考えていた。しかしどれも十分な対策ではなかったのである。

このときの容器や車両の汚染の発覚は、「原子力業界がこの輸送容器や車両の表面の汚染を防ぐことのできないものとして放置してきた実態があるのだろう」と原子力資料情報室の澤井正子さんは言う。

この放射能に汚染されたしずくのことを「放射能の涙」現象という。

もちろん日本の燃料も汚染されていた。一九九〇〜一九九三年、関西電力大飯原発から輸送された燃料容器一三基、一九九四年九州電力玄海原発から輸送された燃料容器の二基から、一平方メートル当たり一一〜一四八ベクレルの値が測定された。

「放射能の涙」現象は大間原発が稼働すれば、日常的に私たちの周りで起きるだろう。燃料運搬や使用済み核燃料の輸送は広域の汚染を引き起こし、日本中に汚染ルートを描き、それは通学路や通勤経路と重なることも避けられない。また、運送作業にあたる人間の被曝は避けられず、普通に暮らす私たちもまた被曝の危険と隣合わせに生きることを強制されることになる（参考：『プルサーマル――「暴走」するプルトニウム政策』原子力資料情報室発行）。

京都大学原子炉実験所講師だった小林圭二さんはプルトニウム社会についてこう述べている。

プルトニウムはもともと地球にはありませんでした。それが最初に人の手で作られたのは原爆を作るためです。人類初のプルトニウム利用は、第二次大戦中、アメリカが長崎に落とした原爆でした。一瞬にして数万の住民が殺害され、最終的に約一〇万人が犠牲になります。しかし、戦後の世界はその未曾有の犠牲よりも破壊力の巨大さに注目しました。［中略］

プルトニウムは原子炉と再処理工場によって製造されます。原子炉と再処理工場は原爆を作るために開発された技術で、のちに原子炉が原発の熱源に、再処理施設が高速増殖炉用燃料製造に転用されました。しかし、核放棄の見返りであったはずの「平和利用」が、皮肉にも核兵器の拡散をもたらしました。軍事利用と「平和利用」との間に技術的な違いがないからです。［中略］

高速増殖炉では、日本に先行していたアメリカ、イギリス、フランス、ドイツのすべてが開発から撤退しています。

（小林圭二・西尾漠編著『プルトニウム発電の恐怖2』創史社）

電気のためではない大間原発を造るわけ

世界がプルトニウム発電から遠ざかっているいま、なぜ日本だけがプルトニウム発電にこだわるのだろう。経済性のなさや日常的な被曝の危険、事故が起きたときの重大な危機も顧みずにプルトニウムを大量消費する大間原発のフルMOX発電をむりやり推し進める日本。大間原発が電気のためでないことだけは確実である。

その証拠ともいえるのが大間の電気は九電力会社が買うという契約である。下北半島大間町は本州最北端の町である。なぜその遠い町から九州の果てまで電気を送る必要があるのか。もちろん本当に電気を送るわけではない。大間でつくる電気を日本の電力会社九社で引き受けるシステムなのだ。それはなぜか。

大間原発の燃料がプルトニウムだからである。日本は沖縄電力を除いてすべての電力会社が原発をもっている。そこから出る使用済み核燃料を再処理して出てくるプルトニウムを燃料とするのが大間原発なのだ。使用済み核燃料を再処理することによって出てくるプルトニウムは核兵器の材料となる。核兵器をもつ国以外が核をもつことを許さないというNPT(核不拡散条約)は、原子力の平和利用の軍事転用を防止するため、プルトニウムを過剰にもつことを警戒する。日本に存在するプルトニウムの処理についてIAEAが発言するのはこの条約のためである。

日本が再処理を続けることを決めているうちは、再処理によってつくられるプルトニウムを処理する大間原発が必要となるのである。電気を必要としない原発をなぜ造るのか。その答えは六ヶ所再処理工場の存在理由のためである。

日本は世界で初めてのフルMOX原発を「実験炉」「実証炉」なしの「商業炉」で動かす壮大な実験を大間町で始める。当初の計画では最初はフルMOXではなく、MOX燃料の装荷率を三分の一にするプルサーマルから始めるとしている。それはフルMOXの危険性が非常に高いことを電源開発自体が熟知しているからである。大間原発が稼働したときに出る使用済み核燃料は、現在の六ヶ所再処理工場では処理できないことは前項で述べた。現在の再処理工場ですら計画通りに進まずに建設費用だけで二兆円を超えている。いまだにアクティブ試験を繰り返す技術しかもてない六ヶ所再処理工場を建てた日本原燃には、この先二つ目のさらに技術的に難しい第二再処理工場を造ることは不可能である。

それでは大間原発が稼働したとしてその使用済み核燃料はどこに行くのか。行き場所はなく、使用済み核燃料は大間原発のそばに溜まり続けることだろう。電気を生まなくなった原発のゴミを何十年も冷やし続けながら……。

温排水が津軽海峡をだめにする

大間原発が稼働すればその発電量は国内最大であり、沸騰水型炉では世界でも最大である。原発は運転しているときはもちろん定期点検中も、止まったあとも、原子炉を冷やし続けなければならない。その冷却のための水が常に必要になる。そのため、毎秒九〇トンの海水を冷却のために原子炉内に取り入れ、海水より七度も高くして津軽海峡に温排水として流す。

毎秒九〇トンという水量を想像できるだろうか。日本の河川でも毎秒九〇トン以上の水量をもつ河川は二十数本しかない。大間原発は津軽海峡に巨大な温かい川を出現させるのである。それも化学薬品にまみれた汚れた川である。

一日に九〇トンの海水が七度高くなって海に戻されるということは海の生物にとって大変迷惑なことである。そのことを京都大学原子炉実験所の小出裕章氏は次のように言う。

「原子力発電所を造るということは、その敷地に惚然として温かい大河を出現させることになります。また、七度の温度上昇がいかに破滅的かは、入浴時のお湯の温度を考えれば分かるでしょう。皆さんが普段入っている風呂の温度を七度上げてしまえば、決して入れないはずです。しかも、それぞれの海には、その環境を好む生物が生きています。その生物からみれば、海は入浴時に入るのではなく、四六時中そこで生活する場です。その温度が七度もあがってしまえば、その場で生きられません」

海のなかに突然できた温かい川は、海の環境を壊し、昆布など海藻の育つ環境を変え、昆布を食べるウニの生育にも影響する。大間町在住の佐藤亮一さんが第4章で言っているように、海水温の影響を受けやすい海藻はこれまでのように生息できない。大間原発の資材や燃料などを搬入するために造った港の工事だけでも昆布の生産量は一〇分の一に減ったのである。温度変化に敏感な魚たちは柵のない海から逃げていくだろう。

さらに原発内に取り込まれた海水には、海水中のプランクトンや魚介類の卵、稚貝などを殺すために化学薬品を加える。その化学薬品で死に体となった海水が七度温度を上げて海に戻されるのだ。海の生態系に悪い影響を与えずにはおかないだろう。

毒性の高い化学薬品を添加した水のなか、さらにジェット水流並みの速さの流れのなかで、それでも海の生物は生きている。取水口の付近にはカラスガイなどがびっしりと住み着く。一三カ月ごとの定期点検では、作業員が取水口にへばりついた貝を手作業で削り落とすという。取水口の口径はおよそ三メートル。そこに隙間なく育つ貝の姿を見たことがある。まるで〝海を殺すな〟と抵抗しているかのような光景だった。

第8章 改良型沸騰水型軽水炉ABWRとは何か

大型化したABWRの危険性

大間原発で採用されたABWR（改良型沸騰水型軽水炉）は、従来のBWR（沸騰水型軽水炉）を経済効率から大型化させたもので、そのことが原発としての危険性をより増大させた。大型化がなぜ問題になるかというと、原子炉を大型にするとその付属機器も大型になるからである。サイズが異なれば同じ構造の機器でも性能やリスクに変化が現われる。そうした変化は実証試験できちんと検証されなければならない。ところが大間原発で用いられるABWRについては、原子炉の大型化に伴う実証試験がきちんと行なわれないまま、その大型化した付属機器類を用いて運転されようとしているのである。

二〇〇六年（平成一八年）、同じABWRである中部電力浜岡原発五号機と北陸電力志賀原発二号機で、振動が通常よりも大きくなりタービンが自動停止し、羽根車が折れて脱落するという事故が起きた。周辺の羽根にも破損やひびが多数発見され、その原因を調査した結果、大型化し効率を求めたタービン翼の設計に不備があり、原子炉の実証試験に不足があったことが認められた。経済効率優先のための大型化を無理に進めた結果である。
ABWRが従来のBWRから機器・構造上で大きく変わったのが次の三点である。
①鋼鉄製の原子炉格納容器をやめ、コンクリート製の原子炉格納容器を採用したこと。
②再循環系配管をやめ、原子炉内蔵型再循環型ポンプ（インターナルポンプ）を採用したこと（これは緊急炉心冷却装置の簡素化につながり、その能力の縮小になると原子力推進派は主張している）。
③電動駆動式の新型制御棒駆動機構を採用したこと。

原子炉格納容器は、従来の鋼製に替え原子炉建屋と一体構造の鉄筋コンクリート製（鋼製ライナー内張）としています。これにより、インターナルポンプの採用と合わせ、原子炉建屋の重心が低くなり、耐震性を向上させています。

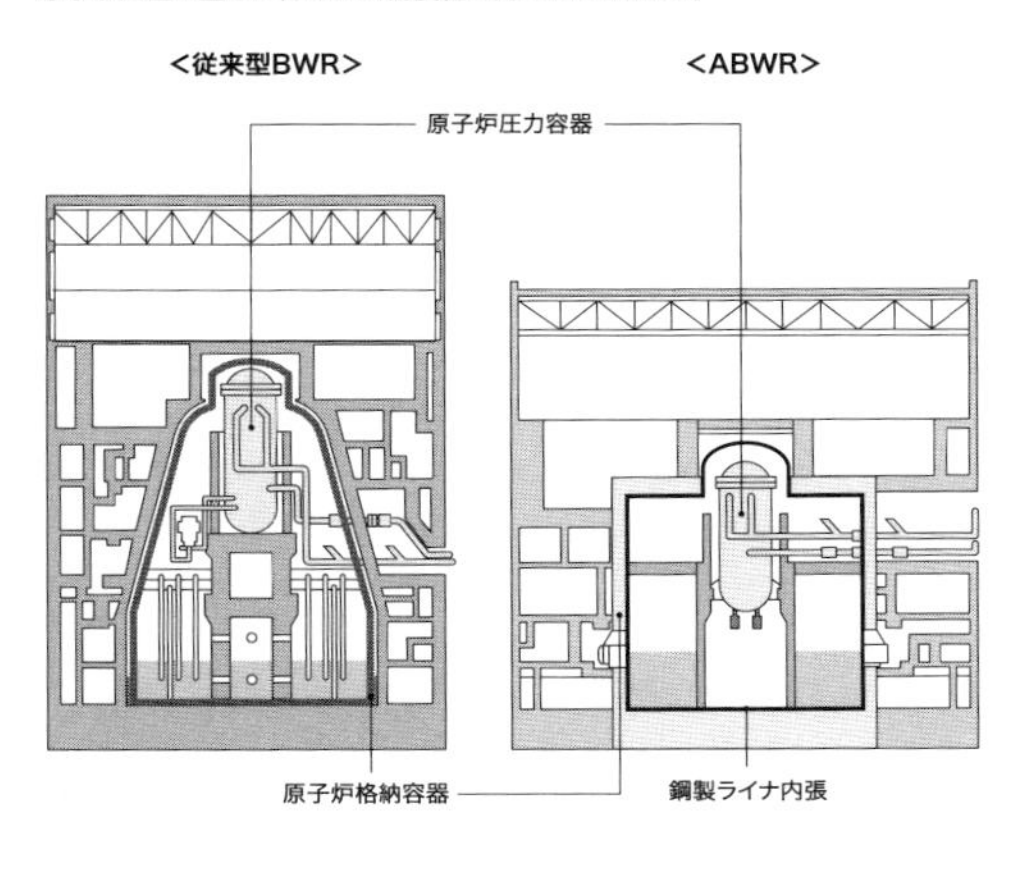

鉄筋コンクリート製原子炉格納容器［電源開発HPより作成］

■鋼鉄製からコンクリート製へ変わる格納容器■

大間原発の格納容器は建屋と一体になった構造で、内側に厚さ六ミリの鋼板が貼り付けられたコンクリートでできている。電源開発のホームページによると、六ミリの鋼板に挟まれた内部にコンクリートを流し込む鋼板コンクリート構造を採用している。

大型モジュール工法を併用しているが、これは工場や組み立てエリアで構造物をあらかじめ組み立てておいて、現場に設置してからコンクリートに流し込む工法である。これは従来の鉄筋コンクリート(RC)ではなく、鋼板コンクリート(SC)構造を採用して可能になった。その目的は現場作業の大幅な省力化と工期の短縮である。

大間原発では格納容器のほかにもタービン発電架台、原子炉建屋床に鋼板コンクリート構造を採用し、鉄筋工事量を減らして建設工事を効率的に進めていくとしている。従来の鉄筋を鋼板に置き換えるわけだが、強度や耐久性は本当に大丈夫なのか心配である。

原子炉の中心には核分裂によって生まれた〝死の灰〟(放射性物質)が閉じ込められている。これまで原子力発電を推進する専門家は口を揃えて原発事故が起きても「止める・冷やす・閉じ込める」。これで放射能は外に漏れません」と言ってきた。その起きてはならない事故が起きたのが二〇一一年三月一一日の福島第一原発事故であった。この「止める」「冷やす」「閉じ込める」について整理しておこう。

「止める」は原子炉の燃料棒のなかに制御棒を入れて核分裂反応を止めること。福島第一原発ではかろうじて制御棒が機能して運転を止めることはできた。

「冷やす」は原子炉のなかの放射性物質が生み出す崩壊熱を水によって冷やし続けること。福島第一原発では電気の供給が止まったため(全電源喪失)、冷却用の海水を流すことができず、燃料から出る崩壊熱を冷やすことができなかった。そのため燃料棒は破壊され、水素爆発が起き、メルトダウンした。

「閉じ込める」というのは原子炉から放出される放射能を外部に漏出させないこと。そのため放射能を内部に閉じ込めておくのが「原子炉格納容器」である。もしもの事故が起きたとき、放射能を環境中に漏れ出させないための最後の砦といわれる。大間原発の場合、その原子炉格納容器が内側に厚さ六ミリの鋼板を貼ったコンクリートでできているのだ。

従来のBWRの原子炉格納容器の厚さは三〇～四〇ミリの鋼製で、改良型のABWRの原子炉格納容器の厚さは六ミリである。なぜ鋼板の厚さを薄くしたのかというと、経済性の追求からである。電源開発のホームページには、「鋼板コンクリートにすることで、鉄筋工事量を減らし建設工事を効率的にすすめる」「モジュール工法にすることで現場作業を大幅に省力化」「建設中に発生する廃棄物の削減」の三つが挙げられている。ABWRへの転換のおもな目的は工事の省力化であり、BWRからABWRの変更は経済面からの改良でしかないということがわかる。

これまで格納容器がどれだけの圧力に耐えられるかの基準はBWRで三・九～四・三気圧であったが、大間原発の格納容器の設計圧力は三・一気圧である。原子炉内部は圧力鍋のような状態で、非常に高い圧力がかかっている。日本の安全審査では、格納容器はどんな事故が起きても壊れないと言われてきた。しかし福島第一原発事故でそれは覆された。核的爆発（核分裂が連続的に起きる爆発）や水蒸気爆発など、大きな衝撃の伴う事故が起きた場合、ABWRの格納容器は薄い鋼板でその衝撃を受け止めるだけなのだ。コンクリート製の大間原発の格納容器はその衝撃に耐えられず破損・破壊は避けられないだろう。

■再循環系配管をやめて原子炉内蔵型再循環ポンプを採用■　原子炉は冷却水を循環させて炉心を冷やさなければならない。ABWRでは一〇個のインターナルポンプで水流を起こして炉心に水を送る。これまでのBWRでは再循環ポンプは外側にあった。しかしABWRは内蔵型再循環ポンプを採

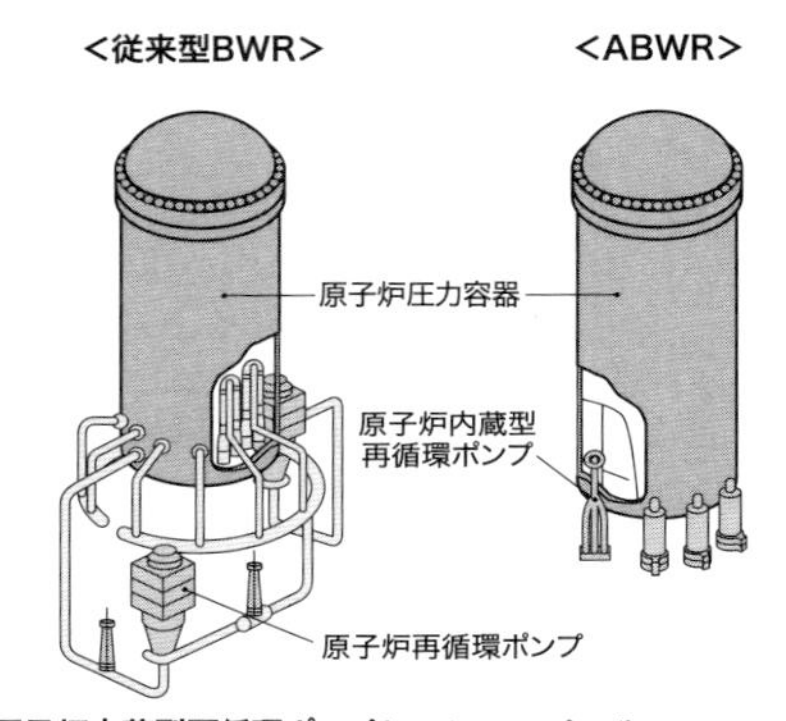

原子炉内蔵型再循環ポンプ（インターナルポンプ）［電源開発HPより作成］

用している。動力を持ったインターナルポンプ一〇個が原子炉の下部に内蔵されているのである。

この変更によって原子炉圧力容器が小型化したが、変更後すでに様々な事故が起きている。従来外側にあった再循環ポンプは外部に多くの大口径配管が必要で地震などの揺れに弱いという欠点があった。ABWRでは再循環ポンプを内蔵型にしたことで大口径配管がなくなり安全性が高まったとされる。しかし大口径配管の破断のリスクは下がったが、新たな問題も抱えてしまった。その一つは外付けの再循環ポンプがなくなったことを理由に、ECCS（緊急炉心冷却装置）を簡素化したことである。事故などにより緊急に炉心に水を入れなければならないときに、燃料棒に直接シャワーのように水をかける「低圧炉心スプレイ系」というシステムがあるのだが、それが廃止されたのである。また、炉心は常に冷やさなければならないが、大間原発で採用されたABWRは緊急時に使用する「低圧注水系」の容量が従来型BWRより縮小された。この二つのことでABWRは事故時に炉心を冷却する能力が著しく低下した。これは炉心の冷却ができなくなったとき、燃料棒が高熱になり被覆管が損傷してメルトダウンにいたるリスクが高くなったことを意味する。

さらに心配なのはＡＢＷＲでは原子炉圧力容器の底部にインターナルポンプのための一〇基分の貫通孔があることだ。インターナルポンプには振動防止のサポートはついておらず、地震に対して不安がある。二〇〇七年の新潟県中越沖地震では、東京電力が柏崎刈羽原発七号機（大間原発と同じＡＢＷＲ型原子炉）の耐震解析の結果、インターナルポンプの接合部分に許容量に近い応力（力を加えたときに内部から起こる反発力）が発生していた。条件によってはインターナルポンプの破損や脱落の可能性も考えられる。大間原発のインターナルポンプも同じである。複数個のインターナルポンプが地震によって破損、もしくは脱落することがあれば大口径破断の可能性も否定できない。そうなると縮小されたＥＣＣＳでは緊急炉心注水機能が間に合わず、冷却に失敗する可能性がある。ということは原子炉が空焚き状態になり、炉心溶融事故、いわゆるメルトダウンにいたる可能性が高くなる。またインターナルポンプの貫通孔からの冷却材喪失事故の可能性も否定できない。

これまでインターナルポンプを使用しているのは柏崎刈羽原発六号機と七号機で、そのうち七号機では二台のインターナルポンプの羽根車に傷がつく事故が起きている。炉内に流入した金属片がインターナルポンプを傷つけ、破損によって生じた金属片が炉心に流れたのである。炉内の金属片は高速回転するインターナルポンプの可動部分を破壊し、さらに炉心を傷つける。従来のＢＷＲであれば可動部分が内部ではないため、衝突で破損しても可動部分を破壊させることはなかった。

また事故などによりインターナルポンプが停止した場合、従来のＢＷＲであれば再循環ポンプが停止しても慣性で徐々に流量が停止するが、インターナルポンプの場合、羽根車が小さいため停止

制御棒駆動機構に、従来の水圧駆動に加え、微小駆動可能な電動駆動方式を備えた改良型制御棒駆動機構を採用しています。駆動機構の多様化により安全性を向上させています。

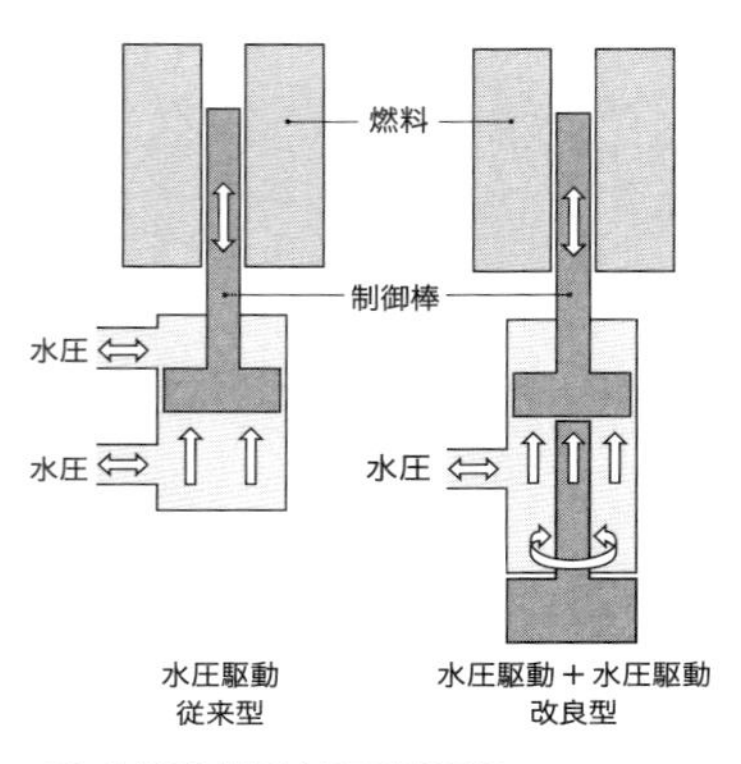

改良型制御棒駆動機構 ［電源開発HPより作成］

と同時に流量がゼロになる。原子炉出力が不安定となると大変危険で、中事故または大事故に繋がる恐れがある。もし数台以上が同時に停止したらどうなるのか。柏崎刈羽原発七号機では一台が停止する事故が発生している。ポンプの動力系統は一つしかないため、何らかの理由でそこが断線されれば複数台のインターナルポンプが同時に停止する事態も考えられる。その場合、原子炉が停止できなければ炉心冷却に問題が出て重大事故にいたる可能性がきわめて高くなる。

■経験の少ない新型制御棒駆動機構の危険■

さらに大間原発では改良型制御棒駆動機構が採用されている。これは通常の制御棒ではなく、フルＭＯＸ対策として中性子吸収剤であるホウ素を濃縮添加した高価値制御棒を使用することになっている。

大間原発はウランを燃やす通常の原発と違い、プルトニウムを混ぜたＭＯＸ燃料を全炉心に装荷する。ウラン燃料とＭＯＸ燃料とでは核分裂で出てくる中性子のスピードに違いがある。プルトニウムが核分裂するときに出てくるのは超スピードの中性子がほとんどで、それを捕獲することは大変難しい。

ウランやプルトニウムが核分裂するためのスイッチを押すのは中性子である。核分裂をコントロールするためにはその中性子の働きをコントロールしなければならない。ＭＯＸ燃料の核分裂反応によって飛び出した中性子は次々と爆発的速度で核反応を起こす——それがプルトニウムの特徴でもある。そのコントロールのために中性子を捕まえる性質をもつホウ素を濃縮添加した制御棒を使用して核分裂のスピードをコントロールするのである。

改良型制御棒駆動機構は、通常であればモーターで制御棒を上下させるが、ＡＢＷＲの制御棒の操作方式は「ギャングモード」と呼ばれる、一度に最大二六本の制御棒操作が可能な方式を採用している。この方式は起動時の運転操作が早くなるメリットがあるといわれているが、一歩間違えると制御棒が一度に最大二六本が入らなくなり、核暴走事故に繋がりかねない危険性をはらんでいる。また緊急の場合には水圧制御ユニットで制御棒を押し上げるが、ＢＷＲでは一本ずつのユニットであった。ＡＢＷＲでは二本の制御棒を同時に水圧制御ユニットで動かす。そのためＡＢＷＲでは一つのユニットで故障があれば二本の制御棒が入らないことになるのである。

さらに金属製シュラウドについても不安がある。燃料棒を支える金属製シュラウドは燃料の横ぶれを防ぎ、冷却水の流れを促し、非常時の水を貯めるという機能をもっている。しかしＡＢＷＲではそのシュラウドの応力腐食割れの発生頻度が高くなり、シュラウドが破壊されることで制御棒の挿入に失敗する可能性も否定できない。シュラウドに亀裂がある状態で地震が起きると、原子炉は停止し、制御棒は入らず、核分裂のコントロールが不能になる可能性があるのだ。また地震によって亀裂が広がった場合、冷却材喪失事故につながる可能性も高くなる。

日本で起きたABWR事故は一〇〇件以上

これまで日本のABWRで発生した事故は一〇〇件以上になる。柏崎刈羽原発六号機・七号機、浜岡原発五号機、志賀原発二号機の四機合わせた三〇年の運転経験のなかでの一〇〇件である。これだけ頻繁に事故が起こっているということはABWRのシステム自体に問題があると見るべきだろう。

たとえば発電用のタービンと制御棒についての事故を見てみる。

■タービン事故■　二〇〇六年六月、浜岡原発五号機で振動過大によりタービンが自動停止し、原子炉も自動停止。二三日、低圧タービン一台の羽根車で羽の折損・脱落、周辺の羽根や部材の一部に傷や凹みを確認。その後、羽根の破損、ひび多数を確認。二〇〇六年、志賀原発二号機で低圧タービンのひび割れや折損が見つかる。

タービン翼が破損した理由はいずれも設計上のミスで、タービンの翼の付け根が疲労破壊を起こしていた。浜岡原発五号機と志賀原発二号機の発電タービンは日立製である。日立は大型の原発の発電効果を高めるために羽根の形を変更するなどしたが、変更後の強度のチェックをおろそかにしていた。大型化によって起こる危険性を考慮しなかったのである。運転開始まもない時期の事故であり、日立は設計ミスを認めたため修理・交換の費用負担が決まったが、金額は一基あたり一〇〇〇億円を超えるものとなった。

■ABWRの制御棒・制御棒駆動装置の事故■　一九九六年六月、柏崎刈羽原発六号機の試運転中に、制御棒四本が二〇〇ステップ中一二八ステップまで抜け落ちる事故が発生。このときは脱落した制御棒が隣接していなかったため幸いにも臨界は起きなかった。

しかしBWRでは、一九七八年一一月に福島第一原発三号機で五本脱落、一九九九年六月に志賀原発一号機で三本脱落のとき、臨界状態に達していた事故を起こしていたことを二〇〇七年に各電力会社は明らかにした。

ABWRでは通常制御棒の操作を電動で行なうためにBWRのような脱落は起こらないとしてきた。しかし柏崎刈羽原発ではそれが起こったのである。

第9章　危険な実験 ——初めてづくしの大間原発

世界で初めてのフルMOX原発

ウランを核分裂させてできるプルトニウムは自然界にはない物質である。第7章でも触れたように、このプルトニウムは一〇〇万分の一グラムで人を肺がんで死亡させるほどの猛毒である。

原子炉でウランを燃やすと〝死の灰〟とよばれる核のゴミとエネルギーとプルトニウムができる。このウランを燃やしてできるゴミからプルトニウムを取り出すことを「再処理」といい、再処理して取り出したプルトニウムを「高速増殖炉」という特殊な原子炉で燃やすとエネルギーと新たなプルトニウムができる。できたプルトニウムを再度燃料として使うシステムを「核燃料サイクル」という。

日本には下北半島の青森県六ヶ所村と茨城県東海村(小規模)の二カ所に「再処理工場」がある。そして再処理して取り出したプルトニウムを燃やす特殊な原子炉が、福井県敦賀市にある高速増殖炉「もんじゅ」である。

核燃料を燃やしてその燃え残ったものから新たな核燃料をつくる核燃料サイクル技術は「夢の技術」といわれ、世界中が競ってその開発を急いだ。しかしその技術は難しく、経済的にも割に合わないことから世界中で核燃料サイクル計画は頓挫した。そして世界各国はプルトニウムを高速増殖炉で燃やして再びプルトニウムを取り出すのではなく、高速増殖炉を単に余剰プルトニウムの焼却施設として位置づけた。ところが原子力大国フランスでさえ、その高速増殖炉が度重なる事故で閉鎖や長期の運転停止を余儀なくされている。「夢の技術」は本当に夢に終わったのである。いま高速増殖炉はプルトニウムを生み出す「炉」としての価値さえも失っている。余剰プルトニウムを高速増殖炉で燃やして減らすことはできないのである。

そのようなプルトニウムをウラン燃料に混ぜて高速増殖炉ではなく普通の原発で燃やすのが「プルサーマル計画」である。大間原発はより多くプルトニウムを処理するために炉心全体にそのプルトニウムとウラン燃料を混ぜた混合酸化物燃料＝MOX燃料を一〇〇パーセント装荷するように計画された「フルMOX」の原発である。

第二次世界戦争後、競って核開発に明け暮れた東西冷戦の時代が終わり核軍縮の流れが加速したことから、現在世界中で核兵器から取り出したプルトニウムが余っている。一九九四年(平成六年)一月の全米科学アカデミー報告は『余剰兵器プルトニウムの管理と処分』のなかで、「厳密に経済的観点からすれば、(解体兵器から出てくる)余剰プルトニウムは財産というより負債である」と述べている。

この負債であるプルトニウムの処分方法として考えられたのが、一つは高レベル放射性廃液と混ぜてガラス固化する方法と、もう一つがMOX燃料として原発で燃やす方法である。しかし、MOX燃料を燃やす方法については、前述したように危険性が高く、世界的にも技術は確立していない。まして全炉心にMOX燃料を装荷するフルMOXは世界が未経験である。世界が見捨てた技術を膨大な税金を使って、福島第一原発事故のあともまだ日本は行なおうとしているのが大間原発計画なのである。

民事プルトニウム(兵器用でないもの)については、わざわざ使用済み核燃料を再処理して取り出す必要を世界は認めていない。原発から出たプルトニウムは再処理せずにそのまま高レベル放射性廃物とするのが世界の主流なのだ。にもかかわらず日本は放射性廃物を再処理してできたプルトニウムを高速増殖炉で燃料として使用する核燃料サイクルにいまだにしがみついている。高速増殖炉もんじゅは試験運転すらできず、一キロワットの発電もしていない。それどころか冷却剤のナトリウムを熱するのに毎日五五〇〇万円という莫大な予算が投じられている。

日本のプルトニウムに対する基本政策は核燃料サイクルによって全量即時再処理だが、すでに六ヶ所再処理工場の使用済み核燃料プールが満杯目前となり、使用済み核燃料の「中間貯蔵」というその場しのぎの対応(政策)に変更している。破綻している核燃料サイクルを横目でにらみ、いまだに再処理と高速増殖炉計画を止めようとしないのである。

これまで日本は使用済み核燃料の再処理をイギリスとフランスに委託していたが(自国ではできない)、すでに取り出したプルトニウムは四四トンを超えている。長崎型原爆を四〇〇〇発も造れる量である。原爆の材料であるプルトニウムを持ち続ける日本は、アメリカをはじめとする世界各国から厳しく非難されている。

それでも再処理と高速増殖炉計画を手放さないのはなぜなのか。「核をもつ能力を手放さないでいることが必要」とかつて日本の外務官僚が匿名でのインタビューに答えたことがある。この言葉が意味するのは、再処理と高速増殖炉技術は原爆を造る技術と同じものであり、この技術を維持することは非核三原則をもつ日本としてはいけないことだが、電気をつくるためにこの技術をもっているということにしておく、ということだ。日本政府としてはなんとしてでも〝原子力の平和利用〟の看板が必要なのである。原子炉でウランを核分裂させ、使用済み核燃料からプルトニウムと燃え残りのウランと死の灰を取り出し、さらに高速増殖炉でＭＯＸ燃料を燃やして核兵器に適した純度の高いプルトニウムをつくる。これは原爆の材料として必要不可欠なものである。この技術を国産でもつことが日本という国家の〝悲願〟なのだ。

そのために世界が捨てた核燃料サイクル技術を予算度外視で続けている。核燃料サイクルの国際的な予算(コスト)を見てみればそれはいっそう明らかになる。フランスやイギリスで使用済み核燃料の再処理を行なうと費用は一トン当たり約一億円である。ところが日本の六ヶ所再処理工場で再処理すると、その費用は約四億円かかると試算されている。外国に再処理委託するほうが断然安い。四倍もの予算をかけるのはあり得ない選択だろう。

いっぽうで一四年五カ月も事故で止まったままの「高速増殖炉もんじゅ」は再開後、事故でまたすぐに止まってしまった。再処理工場から取り出したプルトニウムを「もんじゅ」では燃やすことができないでいる。その溜まり続けるプルトニウムを処理するための〝アリバイ作り〟に、プルトニウムを大量に燃やす大間原発が必要とされているのだ。実験も検証もなしに行なわれる大間原発のフルＭＯＸでの発電は世界中のどの国もまだ試したことのない世界初の技術である。日本はプルトニウムを混ぜたＭＯＸ燃料を炉心すべてに装荷して燃やす、危険で壮大な実験を大間原発で行なうのである。

原発を建てたことがない電源開発

一九五二年(昭和二七年)九月、資本金一五二四億円で設立された電源開発株式会社は、戦後復興のためのエネルギー対策とその開発のためにつくられた国策会社で、「電源開発促進法」によってできた特殊会社である。本社を銀座におき、資本は六六・六九パーセントを財務大臣が、残りの三三・三一パーセントを九電力会社が保有していた。

現在、電源開発は日本国内に水力・火力合わせて六七カ所の発電所を所有するが、原発だけは所有していない。総発電量は一六九九万二五〇〇キロワットであり、日本最大の卸電気事業者である。発電能力は東北電力に匹敵する規模であり、水力と石炭で見ると日本一の規模である。送電・変電設備・電力会社間の送電網などを多数保有している。

たとえば北海道と本州の送電網である「北本連系(きたほんれんけい)」を保有するのも電源開発である。この送電網は函館市戸井地区と青森県下北半島佐井村をつないだ海底に敷設されている。佐井村は大間町の隣村である。送電網は電力会社間で電気を融通し合う措置であるが、北海道からは毎年夏、首都圏の電力渇望期に六〇万キロワットをフル送電している。北海道の夏の電気は毎年余っているのである。

電源開発は二〇〇三年(平成一五年)、電源開発促進法の廃止に伴い民営化され、二〇〇四年、東京証券取引所第一部に上場した。そのさい愛称を「J-POWER(ジェイパワー)」とした。それにより外国法人などの所有株が発行株数の三七パーセントを占めるようになったが、民間会社に移行しても設立当初からの国策会社の体質はいまも変わっていない。〝国の思惑の通りに動く会社〟と考えると間違いない。なぜなら民営化されたあとも「会社の責任は国がとる」と公言してはばからないのが電源開発という企業だからだ。

前述したようにこれまで電源開発はウランを燃やす普通の原発すら建てたことがない。その会社が世界初の危険なフルMOX原発を建設するのである。なぜこのような無謀でリスクの高い、そして経済性の伴わない原発を建てようとするのか。

二〇一二年(平成二四年)一〇月一日、函館市役所を訪問した電源開発の人間に、函館市長が「福島第一原発事故の収束もできていない現在、新たな原発の安全性に対する不安」について言及したとき、電源開発の担当者は次のように答えた。

「原発の安全については国が安心といっている」

市長は国に聞いたのではなく建設主体である電源開発に問うたのである。しかし電源開発の担当者は、国が建てろといい、国が安全といっているから大丈夫、と答えたのである。

福島第一原発事故を起こした東京電力が、事故後一貫して事故の責任を感じていないと思われる発言をするのを私たちはこの四年間聞いてきた。その無責任さに多くの国民が怒ってきたが、その体質は電源開発も同じであった。

電源開発の初の原発

電源開発は戦後の経済復興に合わせて水力発電と火力発電の発電量を増やし電力会社にその電気を卸すことで順調に業績を伸ばしてきた会社である。二〇一一年度の売上高は一五二四億円となっている。最初の大事業となった天竜川の佐久間ダムは、現在も年間発電量では日本有数の水力発電所である。また、東海風力発電所など風力発電では国内トップクラスの実績をもっている。アジア地域でのコンサルタント業務や欧米での各種事業展開など広く海外にも進出している。しかし電源開発は原発だけはもっていない。

原子力産業がエネルギーの花形といわれた時代に、電源開発は原発を造ることを許されなかった。電源開発促進法によって当初、大蔵省(当時)の全額出資でつくられた特殊会社である同社は、各電力会社から国の後押しを受けた事業拡大を疎まれていた。たとえば一九五七年(昭和三二年)には、東海原発導入に手を上げたが、日本原子力発電にとられてしまう。その後もなんどか原発建設への参加を狙ったが、一貫して反対する各電力会社から電源開発は参画を拒まれてきた。そうしたなかで電源開発は、まだ日本では採用されていないカナダのCANDU炉という原発の導入を狙い、その後ATR実証炉へ計画変更し、最終的に全炉心フルMOXのABWRを造るということになった。国策によって世界で初めての危険な原発を押し付けられてしまったともいえる。しかも、商業炉として経済性を優先させるという多大なプレッシャーと同時にである。

「大間原発建設は、核燃料サイクルの帳尻合わせと電源開発の原子力発電所建設への悲願からなる幻影と虚構のなかから生まれた」といわれる所以である。

電源開発社内誌『電源』の一九九八年六月号の座談会『民営化が決まって一年』に、同社の原子力計画グループの吉永隆一氏(当時)は次のように発言している。

「フルMOX——ABWRという新しいプロジェクトを推進していますが、そのプロジェクトに対して非常に厳しいコストダウンを中心としたプレッシャーがかかっています」。大間原発は一九九八年の決定のときから経済性を求められていたのだ。実験炉・実証炉という検証なしに商業炉から始めるという無謀さもすべて経済優先からくる道筋なのである。

投資ファンドが電源開発株を取得

二〇〇八年（平成二〇年）、電源開発がイギリスの投資ファンド「ザ・チルドレンズ・インベストメント・マスター・ファンド（TCI）」に買収されかかったことを覚えている人も多いだろう。電源開発の株を九・九パーセント保有する筆頭株主であるTCIが、最大二〇パーセントまで株の買い増しを要望したことが経済紙を中心にマスコミを賑わせた。

民間企業はまず何よりも利益を追求し株主にその利益を配当しなければならない。必然的に大間原発が経済性のある事業かどうかを会社は判断し、経済性に見合わない事業ならばやめなければならない。そうしなければ株主に対する背任行為となってしまう。電源開発の経営にTCIが関わることが大間原発の建設計画にどのように影響するのか、経済界だけでなく私たち大間原発に反対する市民グループの人間もその動向に注目した。さまざまな憶測記事が週刊誌にも載るようになった。私も新聞の見慣れない経済面に目を凝らした。

結局、四月一六日に経済産業大臣は投資会社TCIに電源開発株の追加取得を中止するように勧告し、二五日にその結果を表明するという流れになった。〝政治決着〟という成り行きだった。大間原発建設が国策であることのなによりの証左であった。そして、そのどさくさにまぎれるように四月二三日に大間原発の設置許可が下りたのである。五月一三日には経済産業大臣は株の買い増し禁止を命令し、TCIがそれに従って電源開発買収騒動は終わりを告げた。

原子力資料情報室の共同代表・西尾漠氏は次のように解説する。

「そうした時期に経済産業大臣が大間原発の原子炉設置許可を拙速で驚くばかりの早さで行なったのは、TCIの買収意欲をそぐ狙いからだ、と『エコノミスト』や『選択』などは報じました。Jパワー株の九・九〇パーセントを保有する筆頭株主のTCIは、最大二〇パーセントまで買い増すための申請を行なっていたのですが、それはともかく電力設備などの資産を圧縮し資本効果を改善して株主の利益を向上させるよう求めるTCIの要求を通したら、大間原発建設や送電線運営が危ない(『エネルギー・フォーラム』二〇〇八年六月号)と、大間原発建設の既成事実化を急いだということのようです。言い換えると、大間原発の建設は株主の利益を損なうものであり、建設が決まってしまえば手を出しにくくなると考えられていることになります」

時間が経ってから一連の経緯を見ると、投資会社が資産状況も経営状態も良好な電源開発の乗っ取りを狙うのももっともなことと思われる。準国策会社でやってきた緩い経営の同社に民間の厳しいコストパフォーマンスを求めることでより多くの利益を上げることが可能になると踏んだのだろう。資本のグローバル化が進むなかで〝電源開発は買いだ〟と投資顧問たちが考えたのも当然であった。そのうえで原発は経済的に見合わないことと、フルMOXのリスクから大間原発建設は経済的に引き合わないと踏み、いまなら建設を止められると判断してこの時期、株の買い占めに走ったのではないか。もしそうだとすると、私たち反対派からすれば経済的な外圧で大間原発を止められた最後のチャンスだったのかもしれない。

経産省が株の買い増し請求の中止を勧告したのが四月一六日、大間原子力発電所の設置許可が下りたのが四月二三日、経産省が株の買い増し禁止令を出したのが五月一三日である。わずか半月の間にこれだけのことが進んだのである。国策とはいえ、民間の経済活動に経済産業省がこれだけ強く働きかけることは一企業に対する政治介入以外のなにものでもない。

このようなことが起きていいのかと当時もいまも私は疑問に思っている。こうした事態に対して国会議員や投資家たちからは抗議の声はあがらなかった。国策の前には誰でも、経済のプロたちですら従ってしまうものなのだろうか。

電源開発買収の動きはこれだけでなく、米エネルギー企業エンロンにも電源開発を買収する計画があったという。しかしエンロンも大間原発建設計画を知って買収を断念したと伝えられている。一九九五年の新型転換炉の実証炉からフルMOXのABWRの商業炉へと変更になった大間原発建設にこだわり続けた電源開発について、『日本経済新聞』では次のように書いている。


「電発」(電源開発)は原子力への悲願を追い続けるよりも、独立系発電業に徹して一段と安くて良質な電気を供給することの方が、産業界や一般消費者に歓迎されるし、それが民営化されつつある同社の取るべき進路といえる。

(『日本経済新聞』二〇〇八年七月一二日)


西尾氏の解説と『日経』の記事から見えてくるのは、いかに原発が経済性がないかということである。さらにフルＭＯＸは投資のリスク係数が著しく高くなる。経済がすべての基準となる投資社会ではもう「原発」は経済的な価値をもたないということがよくわかる。

では経済性を伴わない大間原発はなぜ建てられるのか。これまで述べてきたようにそれはプルトニウム消費のため、核燃料サイクルのアリバイ作りのためである。世界初の無謀でハイリスクな実験を大間でやろうとしていることを世界経済が証明している。

プルトニウムが暮らしのなかに

ここで〈原子力資料情報室〉の資料から大間原発のプルトニウム処理量がどのくらいなのかについて考えてみよう（単位は年間。プルトニウムの毒性については、http://www.rri.kyoto-u.ac.jp/NSRG/kouen/Pu-risk.pdf を見てほしい）。

一般人の年摂取限度量……約一〇〇〇万分の一グラム
職業人の年摂取限度量……約五〇万分の一グラム
原爆に必要な最低量……約七キログラム
高速増殖炉もんじゅ装荷量……約一・四トン
大間原発フルＭＯＸ装荷量……約六・五トン
六ヶ所再処理工場一年間にとり出される量……約八トン

大間原発のプルトニウム装荷量が突出していることがよくわかる。一般人の年摂取限度量が一グラムの一〇〇〇万分の一なのである。目にも見えず、計ることもできない量だ。そのような猛毒物質をトン単位で大間原発は扱い、原発を通じ地域社会に存在するようになるのだ。そのリスクははかり知れない。大間原発でプルトニウムを燃やすということは、輸送、装荷、再処理過程といった猛毒物質の流れを地域社会のなかに、私たちの暮らしのなかに存在することを許すということなのだ。

大間原発が工事を再開してから二〇一四年秋で三年目となった。二〇一二年夏までの工事が止まっていたときの心の平安を今さらながら思う。もし大間原発ができて運転を始めたら不安はこんなものではすまないだろう。常に放出される放射性廃棄物とプルトニウム燃料の事故の危険が頭から離れないことだろう。

世界のプルトニウム事情

ここで世界のプルトニウム事情を見ておこう。

冷戦後の一九九〇年代、世界ではプルトニウム計画の見直しが一斉に行なわれた時代であった。一九九五年(平成六年)、フランス電力公社(EDR)は、プルトニウムは資産価値ゼロの負債であることを会計報告に計上した。

その一年前の一九九四年、アメリカでも全米科学アカデミー報告で「厳密に経済的観点からすれば(解体核兵器から出てくる)余剰プルトニウムは財産というより負債である」と報告されている。冷戦後の世界がプルトニウムに対してどのような評価を下したかがこのことからもよくわかる。このようにすでに分離されたプルトニウムへの評価を負債と見なすのであれば、使用済み核燃料から負債であるプルトニウムを予算をかけて再処理し分離しようとするのは理解しがたい行為となろう。

「原子力大国」といわれるフランスでは、一九九八年に世界に誇っていた高速増殖炉「スーパーフェニックス」を放棄し、その解体を決定した。一兆三〇〇〇億円をかけ、発電しながらプルトニウムを増殖する計画は事故続きで稼働率六六パーセントに終わり、フランスの高速増殖炉計画はその経済性のなさと危険性から正式に中止を決めた。そのときに問題となったのが冷却用に使用された五〇〇〇トンを超える大量のナトリウム（そのほとんどが放射能に汚染されている）をどのように処理するかということであった。リスクの高い汚染されたナトリウムを抱えた高速増殖炉解体の技術はいまだ確立されているとはいえない。プルトニウム計画の先進国であったフランスでさえプルトニウムの増殖は不可能との選択をしたのである。

余剰のプルトニウム処理対策として考えられた「プルサーマル計画」だが、ヨーロッパの原子炉ではMOX燃料使用は認可されながらも実際にはそれほど進んでいるわけではない。それはMOX燃料使用が高くつくこと、そして使用量が安全面から限定されているためプルトニウムを減らす効果が少ないことが理由である。

翻って日本では福島第一原発事故が起きたあと、いまでも「高速増殖炉もんじゅ」「六ヶ所再処理工場」「フルMOX大間原発」と世界が見捨てた核燃料サイクルシステムから離れられず、膨大な税金を浪費している。世界の常識に反していまだ見果てぬ夢を捕まえようとしているかのようである。

原発敷地の真ん中に民有地——異常な立地

世界が見捨てた危険なプルトニウムを用いる世界初のフルMOX原発である大間原発には「世界初」のことがまだある。それは建設途中の原発の敷地のほぼ中央に未買収地が存在する原発であることだ。一三二万平方メートルの大間原発の敷地の約一パーセントを故・熊谷あさ子さんの所有地が占めているのである。

大間原発を建設・運転する電源開発は、熊谷さんの土地を含めて約二パーセントの未買収地を残したままで、一九九九年(平成一一年)に原子炉設置許可を申請し、国もそれをそのまま受け取った。電源開発は他人の土地に原発を立てようとしていたわけで、国がその建設許可申請書を受け取ることは、それを認めたということである。裏を返せば、熊谷さんはすぐに買収に応じて土地を売るだろうと勝手に思っていた節がある。第2章で書いたように執拗な電源開発の工作と町長をはじめとする建設推進の人たちのあからさまな強要にもめげずに熊谷さんは土地を売らなかったため、電源開発は困り果てたのだろう。二〇〇一年(平成一三年)一〇月に電源開発は経産省に対し「安全審査一時保留願」を提出している。審査してほしいと出した書類を、保留にしてくれと願う、前代未聞の届け出だった。さらに、二〇〇三年、熊谷さんの所有地の買収を断念した電源開発は、炉心位置を南側に二〇〇メートル移動させた計画を発表した。それでも炉心から熊谷さんの土地まで三〇〇メートルしかない。そして二〇〇四年三月、電源開発は古い申請書を取り下げ、熊谷さんの土地を敷地外とした新しい「設置許可申請書」を提出し、認可された。敷地外とされた熊谷さんの土地は次ページの地図でもわかるように、原発敷地のほぼ真ん中にそのまま残る。電源開発はそんな熊谷あさ子さんの土地をぐるりとフェンスで囲んだ。かつて沖縄の米軍基地にあった私有地をフェンスで取り囲む「象の檻」を思わせる非人間的な措置までとって、敷地外をつくり出した。娘さんの小笠原厚子さんは、「檻に囲まれた動物のようです」とその人権無視の扱いに対して怒りを込めて発言している。その高さ三メートルはあるかと思われるフェンスには等間隔で監視カメラが据え付けられ、いまも訪れる人を威嚇している。

こうした行為は国の「原子炉立地指針」にも違反している。このように人を人とも思わない電源開発が造る原発でもし事故が起きたとき、どのように住民を守ろうというのだろうか。

活断層に囲まれた大間原発——変動地形学から

第6章でも触れた変動地形学の専門家・渡辺満久東洋大学教授は、活断層の存在を見極めるポイントは海成段丘の存在にあるという。大間原発の立地地形を調査した渡辺教授は「大間周辺には、高度の高い海成段丘面（かいせいだんきゅうめん）や、地震による隆起を示す明確な変動地形が存在し、沿岸に海底活断層が存在することは確実である」と断言する。とすると、フルMOX原発の危険な大間原発は、海底活断層の走る海岸線に建てられることになる。これも世界初のことだろう。

変動地形学という科学の用語の説明から始めよう。海や川の近くに階段状になった地形がある。こうした過去に海や川の底が干上がって広く平らな地面になったところを「段丘面（だんきゅうめん）」という。段丘が地震などで隆起してまた新たな段丘が生まれるが、その急に隆起した崖の部分を「段丘崖（だんきゅうがい）」という。川がつくる段丘面を「河成段丘面」、海が作る段丘面を「海成段丘面」という。地形学では約一二万五〇〇〇年前の温暖期に海岸線付近でつくられた海成段丘面を「S面」といい、ここを基準として比較検討するのである。

S面はいまより海岸線が少し高かったときの海成段丘で、平坦で広い大地として世界中に分布している。このS面は広く平坦なため、一二万五〇〇〇年前以降に断層活動などで変動が起きた場合にその変化がわかりやすい。同じ時代につくられた段丘面は高度も同じであるから、S面を比較することでその後の地殻変動をいま知ることができるのである。

変動地形を知るためには最初にS面の認定をすることが必要である。ちなみにS面の「S」は神奈川県の下末吉という地域で調査された広い段丘面にちなみ、その頭文字を取って「S面」と呼ばれる。

下北半島に分布するS面を調べてみると、最北端の大間町の岬の突端の大間崎周辺では六〇メートルの高さがあり、一〇キロメートル南に下がると二〇メートル以下の高さになっている。非常に激しい高度変化である。これは地震による隆起と考えられる。

大間崎の先にある弁天島を取り囲む「離水ベンチ」もまた、地震が起きたときに海岸が急激に隆起したときに起こる地形で、段丘面ができる前の状態のことである。離水ベンチも海成段丘面も同じように南にいくに従って低くなっていく傾向が見られる。こうした事実は大間北方の海域から南へ傾斜する「逆断層」の存在を示している。「能力のある研究者ならそのことにすぐに気がつくだろう」と渡辺教授は言う。

中越沖地震以後の耐震指針で設置される初の原発

二〇〇七年(平成一九年)七月一六日、新潟県中越沖で発生した地震で柏崎刈羽原発一号機は一六九九ガルを記録する大きな揺れを記録した。これは設計限界の四五〇ガルの約四倍にあたる揺れだった。この地震によって柏崎刈羽原発が深刻な影響を受けたことから日本の原発における耐震指針が新しくなった。

二〇一四年一一月、電源開発は原子力規制委員会への適合審査申請のため耐震設計を六五〇ガルに引き上げた。

二〇〇八年四月に原子炉設置許可が出た大間原発は、この中越沖地震後の「新指針」と安全審査のための「手引き」による国の安全審査を通った初めての原発である。ところが不思議なことに大間原発の耐震設計は以前通りの四五〇ガルなのである。六ヶ所再処理工場、東通原発も同じである。下北半島以外の地域では耐震設計は引き上げられているにもかかわらず、下北半島における核施設の耐震設計は変わらないままなのだ。大間原発の新安全指針が出た以降に津軽海峡や大間原発直下での活断層の存在が渡辺教授らによって確認されている。

下北半島はまさかり型の地形に仏ヶ浦海岸に見られるような海岸沿いに奇岩が続く特徴的な形をしている。この地形の先に海底活断層の存在がある。また炉心近くの〈あさこはうす〉の直近にも活断層があることがトレンチによって確認されている。

「活断層」というのは生きている断層のことである。「生きている」というのは、普段はまったく動かないが近い将来動く可能性がある断層ということである。地理学が「近い将来」という場合には一秒後も二〇〇〇年後も同じ時期ということだ。

この活断層を見るための学問が変動地形学である。地面の変形を地表面から判断し、地下で起こった動きを知るのである。地形を見て、その下で起きたことを推測し、ときには実際に土を掘ってじかに地層を確認する。

活断層の存在が人の暮らしにどう関わるのかというと、活断層が動いて地盤がずれると近くではかなり大きな地震が起きるということになる。

現在、原子力規制委員会によって、下北半島の東通原発の敷地内に活断層の存在が確認されている。下北半島の沿岸には、海成段丘面が連続的に分布し、約一二万五〇〇〇年前の海岸線高度は約三〇メートル以上あり、このことは下北半島は約一二万五〇〇〇年前に隆起したことを示している。この隆起は下北半島に沿う海底活断層、大陸棚外縁断層の動きによるものであることが変動地形学的に想像できるのである。

しかし核燃料サイクル基地の安全審査を担当した審査委員会は、大陸棚外縁断層を活断層ではないと判断している。しかも安全委員会は、活断層と認めないだけでなく、活断層の無視と〝値切り〟を行なった。〝値切り〟とは、存在が無視できなくなった活断層の長さをできる限り短く、切れ切れに存在すると判断することである。

断層はもともと地球内部の大きな固まりが動くことによってつくられる。短く切れ切れに存在するようなことはあまりなく、たとえそうであってもそれぞれが連動して動くことが考えられる。安全のための検査であるなら、大きく動いたときのリスクを考え、そのうえで安全対策を立てるのが本筋であろう。国の安全審査の目的は何なのか厳しく問われなければならない。

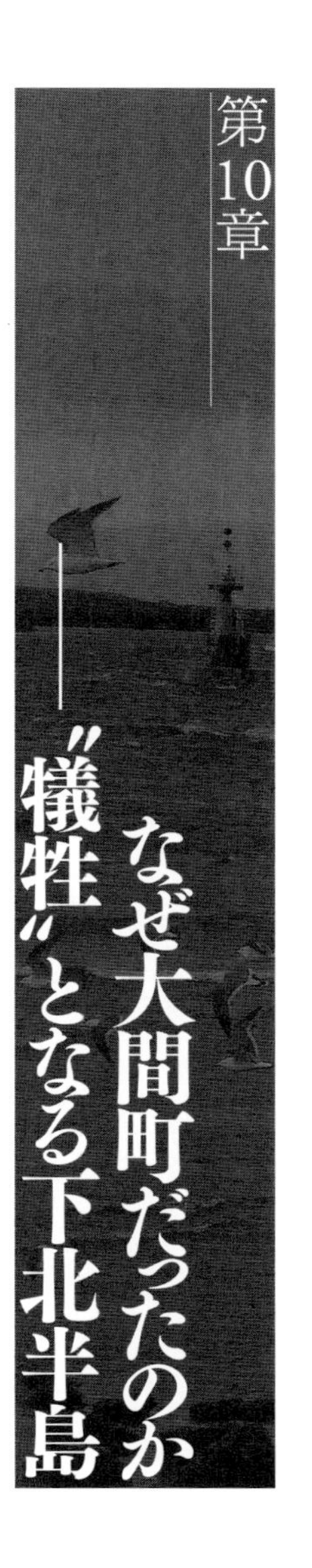

第10章 なぜ大間町だったのか——〝犠牲〟となる下北半島

下北半島はどのように核に狙われたか

本書巻頭に掲げた地図を見ると、下北半島の大間町は北海道・函館と津軽海峡を挟んで最短で約一八キロの距離にある。大間町の下はむつ市。むつ市には東京電力の使用済み核燃料中間貯蔵施設がある。そしてむつ市の右側には東北電力の東通原発が、さらにその下の六ヶ所村には日本原燃の六ヶ所再処理工場がある。六ヶ所村のさらに下に米軍の三沢基地——。こうして見ると下北半島のほとんどに核関連施設が散らばっている。また、むつ市には進水航行で放射能漏れ事故を起こした〈原子力船むつ〉の記念館もある。日本の国策といえる核関連施設がなぜこのように下北半島に集められたのだろうか。答えは歴史のなかにある。

東北地方、とりわけ青森県東北部は冷涼な気候に加えて、急峻な地形と不便な交通網、そして国の無策によって産業が育たず、首都圏や西日本の諸地域と比べて戦前も戦後も貧しい暮らしを余儀なくされてきた。また、代々一家の財産である土地を受け継ぐのは長男で、ほかの兄弟姉妹たちは親から譲られる財産などないのが当たり前であった。第二次世界大戦では長男以下の男子が出征し、次男以下は国策である中国東北部への開拓団募集に応じることが多かった。なかでも下北半島の住民は明治以降の国や県の貧困な農業・漁業政策のために苦労を重ねた。農民たちは出稼ぎでなんとか生活を支え、漁民たちもまたみずから取り組んだ養殖事業や漁の工夫、あるいは季節の出稼ぎでなんとかしのいで暮らしをたててきた。

一九六九年のむつ小川原開発計画

下北半島に〝巨大開発計画〟が降ってわいたのは一九六九年(昭和四四年)である。下北半島最北端にある大間町の商工会が国に原発立地の要請をする七年前、下北半島は国の開発計画の波に乗せられた。「むつ小川原(おがわら)開発計画」である。一九六九年、閣議決定された新全国総合開発計画によって立案された。「新全総」と呼ばれるその開発は計画時から地元自治体の反対にあいながらも国・県・財界の主導で進められた。

開発予定地である六ヶ所村には政治家、経団連幹部、財界からの視察が相次ぎ、村民は内容を知ることなしにマスコミや政府の描く夢の開発計画に踊らされていた。一九七一年(昭和四六年)には経済企画庁を中心とする「むつ小川原総合開発会議」が発足し、経団連を中心とする「むつ小川原開発株式会社」が設立された。用地買収にあたる「青森県むつ小川原開発公社」も設置され、土地の先行取得を可能にした。この国策会社には県職員が大量に出向していた。

六ヶ所村では、国の開発計画よりも早い一九六八年から開発目当ての土地の買い占めが秘密裏に進められていた。国の新全国総合開発計画の策定員であり特別委員であった江戸英雄氏の率いる三井不動産は配下の会社を使い、開発予定地の土地を一九六八年から一九七二年までに五〇〇〇ヘクタール買い占めた。

国は一九七一年八月に「むつ小川原開発立地想定業種規模（第一次案）」を発表するが、開発予定地の激しい反発で翌九月に第二次案を発表することになる。一〇月には開発反対派による「六ヶ所村むつ小川原開発反対同盟」が結成され、反対派は寺下力三郎六ヶ所村長を含め反対姿勢を貫き、県の開発方針と鋭く対立した。しかし六ヶ所村議会は賛成にまわり、村内は反対派と賛成派に分かれて激しい応酬を繰り返した。村長と村議会との対立も激しくなり、お互いのリコール合戦に発展した。地域の対立と攻防をよそに、大規模な開発用地先行取得のために大手不動産会社による用地買収は、六ヶ所村のあちこちで着々と進んでいった。

「むつ小川原開発反対同盟」副会長だった木村キソさんによると当時の様子はこのような感じだった。

私たち村民が自分の自分たちの土地がどうされるのかを具体的に知ったのは昭和四六年八月一四日、県が初めて示した住民対策要綱によってであります。それまで私たちはまったくといってよいほど内容を知らずにきたのでした。私たちが知らないでいるあいだにどんなことがおこなわれてきたかと申しますと、昭和四四年ごろから六ヶ所村が開発されるらしいという噂はきいて不安となかば期待をもっていたところ、三井不動産をはじめ各種の土地ブローカーが入り込んで村のあちこちを買いあさっていたのです。当時、村の開拓部落の人たちは、誰もが

借金をもって苦しめられていましたから、観光牧場をつくるからというふれこみで土地を買いにあらわれたブローカーに二束三文に所有地をたたかれていったのです。そして、六ヶ所村の原野のあちこちに不動産業者の買収済みの立て札が立ちならんだあとになって、四六年にはじめて開発計画の全体を村民はみることができたのです。

北方新社編(『むつ小川原開発反対の論理』寺下力三郎・吉田又次郎・米内山儀一郎・沢田半右衛門・古寺宏・木立芳照インタビュー集、北方新社、一九七三年)

一九七三年(昭和四八年)一二月、激しい対立のなかで六ヶ所村の村長選挙が行なわれた。反対派の寺下力三郎氏は推進派の古川伊勢松氏に僅差で破れ、以降、六ヶ所村は開発推進へと大きく舵を切った。しかし同年一〇月に第一次石油ショックが発生した。これは高度成長期の終焉を告げる出来事であった。経済情勢の悪化から以後、巨大工業基地計画は必要なくなり、省資源・省エネルギーへと産業構造が変っていくのである。官民あげての下北半島の大規模な開発計画はそのまま〝塩漬け〟にされた。六ヶ所村の巨大開発のすべてが計画倒れになり開発の夢が無惨に砕かれたあとも、大手不動産が安く買いたたいた土地が村民に戻ることはなく、村民は土地に根ざす暮らしに戻ることはできなかった。夢に描いた開発計画と雇用は消え、負債と地域の分断と対立だけが残った。

一九七九年(昭和五四年)、さらに三三〇〇ヘクタールを超える土地が買収されたが、開発計画は進まず、同年通産省(当時)は国家石油備蓄基地の建設を決定する。しかし石油備蓄基地が立地したもののほかの開発プロジェクトは皆無であった。「むつ小川原開発株式会社」の借入金は一九八三年末には一三〇三億円に達した。

下北半島に残されたのは、頓挫した計画と負債にまみれた開発会社、買い手のつかない土地だった。その後青森県が誘致を目論んだのが原子力産業だった。下北半島が核のゴミ捨て場と呼ばれる所以となった六ヶ所村の核廃棄物貯蔵施設、原子力船むつ、東通原発、むつ核廃棄物中間貯蔵施設、そして大間原発……。

現実に大間原発計画と下北半島の開発計画が交差するのは一九八四年(昭和五九年)、「核燃料サイクル施設建設構想」が浮上したときである。一九八四年に電気事業連合会(略称「電事連」)は青森県と六ヶ所村に核燃料サイクル施設の立地を正式に要請した。六ヶ所村の建設計画は「ウラン濃縮工場」「低レベル放射性廃棄物埋設センター」「再処理工場」である。

ウラン濃縮工場は、原子力発電の燃料として使うための低濃縮ウランを製造する。低レベル放射性廃棄物埋設センターは、原発から出てくる低レベル放射性廃棄物の最終処分場である。再処理工場は原発の使用済み核燃料からプルトニウムを取り出す工場である。この三つの工場は日本の原子力推進のために必要不可欠のものであった。六ヶ所村の核燃料サイクル計画が進むと同時に、大間原発計画もまた地域を分断しつつ進んでいった。

大間は原発のトイレか

六ヶ所再処理工場で取り出されるプルトニウム。それは高速増殖炉で燃料として燃やすためにつくられるはずであった。しかし高速増殖炉「もんじゅ」は、一九九五年のナトリウム漏れ事故で止まり、二〇一〇年の運転再開後も数カ月で再び事故によって停止した。二〇一二年(平成二四年)一一月には一万個に及ぶ機器の点検漏れが見つかり、二〇一三年二月にも新たに非常用発電機に関する機器の点検漏れが見つかった。このことを受けて、二〇一三年五月二九日、原子力規制委員会は高速増殖炉もんじゅに対する運転再開準備禁止命令を決定した。当分の間もんじゅは再開の準備すらできないことになった。しかしそれよりはるか以前に、高速増殖炉は実現不可能な技術であるとの認識は世界周知のことであったことは前章で述べた通りである。

では取り出したプルトニウムはどうするのか。繰り返しになるが、再び説明しておかなければならない。原爆の材料であるプルトニウムを溜め込むことで世界から非難されることを恐れている日本は、なんとしてもプルトニウムを処理しなければならない。そこで登場したのが一年間に六・五トンのプルトニウムを装荷するフルMOXの大間原発なのである。ウランを燃やすこれまでの原発にMOX燃料も加えることを「プルサーマル」というが、プルサーマル計画で使用するMOX燃料は炉心の約三分の一の分量でしかない。大間原発は再処理工場が一年間に取り出すプルトニウム八トンの八割を超える六・五トンを毎年装荷する予定なのである。

本州最北端のまち大間町で電気を発電してどこへ電気を送るのか。大間原発の総発電量一三八・三万キロワットは全国の九電力会社が引き取る契約になっている。北の端から南の端まで電気を送るとするとそのロスは膨大な数値になる。まったくの無駄である。だから実際に電気を送るわけではない。全国各地の原発から出てくる使用済み核燃料から取り出したプルトニウムを燃やしてできた大間原発の電気はみんなで責任をとって引き受けましょう、ということである。ちなみに青森県で消費する電力は東通原発一基の発電量で十分なのである。

しかし大間原発がプルトニウムを燃料にし消費したところで、そこからもまた使用済み核燃料が出てくる。そしてその使用済み核燃料は放射性核種の種類が多く危険性も高いため、いまある再処理工場では処理できない。そのためまた第二再処理工場を建てなければならないのである。しかしいまある再処理工場にしてもアクティブ試験の段階で止まったまま、そこから先に進まない状態である。新たに第二再処理工場を造るなど現実には不可能である。とすれば大間原発から出てくる使用済み核燃料は、そのまま大間原発に捨て置かれる公算が高い。出てくるゴミの処理もできないまま、五四基も作り続けてきた日本の原子力政策の後始末を、またも過疎地で五五基目の原発が引き受けさせられる構図である。

一九七〇年代の政府の新全国総合開発計画が先行きの見通しの甘さから頓挫し、そのつけを下北半島が原子力で贖い、さらにその原子力政策のツケを、核のゴミ捨て場と呼ばれるようになった下北半島が引き受けてきた。

いま全国の原発から出てきた使用済み核燃料は全国の原発敷地内にある使用済み燃料プールに留め置かれている。福島第一原発事故で使用済み燃料プールが危険なことが広く知られるようになった。定期点検中で炉心に燃料がなかったはずの四号機が実は一番大きな危険を抱えていたことが専門家によっても指摘された。使用済み核燃料プールのなかに置かれた燃料は、定期点検で外された発電中のものから経年化したものまで、発熱量に差があるものが混在している。地震や事故で通常の冷却ができなくなった場合、閉じ込め機能が低い燃料プールはむき出しの原子炉となる可能性があるのだ。

原発はその草創期より「トイレなきマンション」と揶揄されてきた。出てくるゴミの始末ができないことを指しての言葉である。全国の原発から出る使用済み核燃料からプルトニウムを取り出し、それをただ燃やすための原発であるならば、大間原発は全国の原発の〝トイレ〟の役割を担わされることになる。しかし、トイレである大間原発からも使用済み核燃料は出てくる。ウランを燃やす原発よりもさらに複雑に分裂した放射性物質が多量に出てくるのである。終わらない悪夢のように放射性物質を放出し続けながら大間原発は国民の命を脅かし続ける。

原発という〈犠牲のシステム〉

二〇一一年(平成二三年)五月、高橋哲哉東京大学大学院総合文化研究科教授は『原発という犠牲のシステム』という論文を著わした。福島県で生まれ、浜通り、中通り、会津地方で高校までをすごした高橋哲哉教授にとって大震災も福島第一原発事故も他人事ではなかった。

「個人の人生の最初期の記憶が残る地の自然と人びとが苦悩し、悲鳴をあげている。不思議なもので自分の体内にも、言葉にならない呻き声が聴こえる気がした」

「少なくとも言えるのは、原発が犠牲のシステムである、ということである。そこには犠牲にする者と、犠牲にされる者とがいる(原発の場合、前者は人間だが、後者は人間だけではない)。犠牲にする者とされる者との関係は確かに、必ずしも単純ではない。それは犠牲のシステムと同じだ。しかし、だからといって、犠牲にする者と犠牲にされるものとの関係が解消されるわけではない。

犠牲のシステムでは、或るものの利益が、他のものの生活（生命、健康、日常、財産、尊厳、希望等々）を犠牲にして生み出され、維持される。犠牲にする者の利益は犠牲にされる者の犠牲なしには生み出されない。この犠牲は、通常、隠されているか、共同体（国家、国民、社会、企業等々）にとっての「尊い犠牲」として美化され、正当化されている。そして、隠蔽や正当化が困難になり、犠牲の不当性が告発されても、犠牲にする者（たち）は自らの責任を否認し、責任から逃亡する。この国の犠牲のシステムは、「無責任の体系」（丸山眞男）を含んで存立するのだ」

（『朝日ジャーナル　原発と人間』二〇一一年五月二四日、週刊朝日緊急増刊）

ここでいわれている「犠牲のシステム」とは、誰かの利益のために誰かが犠牲になることなしに動かないシステムのことである。原発は燃料の採掘から建設・運転・廃炉にいたるまで被曝と環境破壊がついて回る。原発の燃料であるウランの採掘現場は世界の先住民の住む地域に多く分布しているが、そこでは放射能の危険を知らされず、安全教育もなしに労働者は働かされている。ウラン採掘後に放置される放射性残土は置き去りにされ、被曝の怖さを知らされないまま健康被害に苦しみながら生きる先住民たちには何の補償もない。原発は一三カ月ごとに定期点検を受けなければならないが労働者の被曝管理は徹底されていない。高線量地区では被爆線量の限度を畏れ時間を測りながらの作業では仕事がはかどらず、被曝線量計を隠したり組織的な隠蔽が行なわれる場合もある。

放射線による日常的な環境への影響、事故が起きたときの広い範囲への環境汚染と、大きな事故があってもなくても原発は多大な犠牲を払うのである。この事実からも原発は常に弱者に犠牲を強いることがわかる。

国もまたそれを公然と認めている。なぜなら国の決めた原子炉立地指針には次のようにあるからだ。

【非居住地域】原子炉の周囲は、原子炉からある距離の範囲内は非居住区域であること。

【低人口地帯】原子炉からある距離の範囲内であって、非居住区域の外側の地帯は、低人口地帯であること。

【人口密集地から離れていること】原子炉敷地は、人口密集地帯からある距離だけ離れていること。

原発は過疎地に建てろといっているのである。なぜなら事故が起きても起きなくても、放射能が環境に出ることを考えると人口の多い都会には建てられないからである。

「犠牲のシステム」とは大きな社会の意義のためには一部の犠牲は仕方がない、とする考え方である。電気が必要で原発を建てなければならないのならば、電気を使う都会の近くに建てるべきなのに、国は原発を過疎地に建てるという法律をつくった。原発の危険を都会では引き受けられず、過疎地が引き受けるべきだと国が決めたのだ。過疎地の人間の犠牲のうえにできた電気を享受するのは電気を多量に消費する都会の人間である。その代償として国は交付金という金を用意し、過疎地に与えてきた。つまり金で解決してきた。そして国や原発に関わる人々は原発の安全性だけを繰り返し〝安全神話〟を広めることに躍起になり危機管理や避難の研究をないがしろにしてきた。原子力の推進に本当に必要な情報公開を怠ってきたのだ。

原発立地を狙われた地域で反対する人々がどのように電力会社からの圧力と向き合い、国や地方自治体という大きな権力と闘わなければならなかったのかは、第1章～第6章に書いた。全国各地でその闘いに破れ力尽きた人たちの声を聞いてほしい。原発を受け入れることは「犠牲のシステム」を肯定することなのだ。それは決して一地域の問題ではなく、日本全体に関わる問題だと私は思う。私たち一人ひとりが「犠牲のシステム」を認めるのか否かが問われていると考えなければならなかったのである。

二〇一一年三月一一日、福島第一原発事故が起き、原発事故の悲惨さとその影響の大きさを目の当たりにした人のなかには、原発を引き受けた地域の人たちの責任を問う声もあった。確かに電源三法といわれる交付金が原発立地地域を潤してきたのは事実だろう。電力会社とその関連会社の雇用は地方の出稼ぎによる地域経済の破綻を救った面も否定できない。

しかし、いまこのときに原発立地地域の責任を問うことが、原発とそこから生み出される放射性廃棄物問題の解決方法になるとも思えない。原発でつくられた電気を消費してきた都会の人間もまた当事者なのだ。どこに住んでいようと電気の恩恵に浴する人はすべて原発当事者であり「犠牲のシステム」からの受益者なのである。原発立地点に住む人も、送られた電気を消費する地に住む人も、その事実を受け止め、より少ないエネルギーで生きる方法をともに考えなければならない時代に私たちは生きている。

今ある原発をどうするのか

ここでもう一つ指摘しておきたいことがある。それは一九七〇年代を境に大きく変わったことの一つに生活全般の電化があるということだ。冷蔵庫・洗濯機・オーディオなど電化製品が広く家庭に普及し、それに合わせて電力需要の伸び率も右肩上がりとなった。経済成長と電力需要が双曲線を描いたあの頃、エネルギーは必要不可欠と誰もが信じてしまった。〝一億総中流〟の日本国民はみな成長の先に明るい未来を見ていた。しかしそのとき人々は実際に電気がつくり出される〝現場〟を見ようとはしなかったのである。便利さと引き換えに失ったのは、限りあるエネルギーと豊かな自然環境が維持された未来であった。

私たちはいまこそ考えなくてはならない。日本にある原発をどうするのか。エネルギーを地域や未来とどうシェアするのか。自分のいまの暮らしと未来の暮らしをどのように設計するのか。原発という危険なものを過疎地につくり、電気やエネルギーを無駄遣いしてきたのは私たち一人ひとりの国民である。家庭に届く電気のかげに被曝に悩む多くの労働者がいて、大間町ではいまも電力会社の横暴が続いていることを知らなければならない。この事実を自分の問題として受け止め犠牲を強いられる側になったとき、到底受け入れられないということを実感できるだろう。

高橋哲哉教授がいうように犠牲のシステムでは「犠牲」は利益を受ける共同体にとって「尊い犠牲」として美化され、奉られる。そして犠牲になるものを選ぶのはいつも権力者である。戦争では「靖国神社」がその一端を担い、戦死者は尊い犠牲を払った英雄として奉られている。福島第一原発事故でも事故現場で初期の頃に働いた五〇人の労働者は「フクシマ五〇(フィフティ)」と呼ばれ英雄視された。犠牲者を英雄視することで事故の原因と責任を不問に付すのである。

核のゴミ捨て場と呼ばれる下北半島もまた、原子炉立地指針にあるように過疎地の人口密集地から離れている地域であった。六ヶ所村では、「むつ小川原開発計画」が開拓農民から土地を奪った。国の経済政策に翻弄され、土地を取り上げられ生きるすべを失った農業者に有無をいわせず迫ったのが原子力推進派であった。原子力の危険も知らされず、安全神話と経済効果、社会インフラの整備をちらつかせ、原子力政策の要である核燃基地構想の容認を迫ったのである。電力会社と県を前面に出した原子力推進政策を目の前にして、原子力施設立地地域ではすがるように原発安全神話を信じようとした人たちがいた。危険を知りつつも国策誘致を一攫千金の夢のチャンスと捉え、経済復興の切り札として地域振興の夢を追いかけた人間たちもいた。

大間町もまた原発は安全なものという認識を建前として地域で共有する歴史をつくり上げた。大間町では初めに商工会が動いて町の主立ったグループを推進派にしたことで、町民たちは表立って反対できなくなった。しかし今、大間町では福島第一原発事故の影響の大きさから、原発の安全性に疑問を持ちながらも口に出せないでいる人たちが増えている。原発推進の大きな流れのなかで生きることを強いられた町で、反対の声をあげることの難しさは熊谷あさ子さんの例を見るまでもないだろう。

小さな子どもを育てる若い親たちの不安、子や孫と一緒に暮らせなくなるかもしれない親世代の苦悩、仕事の先行きが見通せない働く世代の不安。たくさんの不安や苦悩を抱えながらそれでも原発のある町を受け入れていくかどうか、いま大間の人たちは問われている。

第1章で述べたように、二〇一二年八月、函館市とその近郊で原発反対運動をしている市民グループで大間原発工事中止要請のために大間町役場を訪問したとき、対応した役場の課長は、大間原発反対の声は役場には届いていない、と言った。経済・雇用・発展と絵に描いた原発推進の図はすでに破綻している。プルトニウムの恐ろしさも、いったん事故が起きたときには加害者となることも推進側はわかっているのだ。それにもかかわらず大間町は前例踏襲で描かれただけの未来予想図に従って動いている。原発推進の旗を振ってきた人間は町の人たちの本当の思いをくみ上げることなしに、破滅の道を進もうとしている。

大間町は青森県でありながら県中心から遠く離れ、主要な交通網からも取り残されている。大間町から青森市までは車で約四時間半、バスと汽車を乗り継いで行くなら七〜八時間を要する。冬であれば道路は凍結し、不通箇所が発生することも珍しくない。津軽海峡フェリーで大間町から函館まで一時間三〇分の近さにある函館市のほうがよほど近い。大間と函館を結ぶフェリーは、通院・買い物・娯楽と大間町から函館まで日帰りで通う町民の足となっている。しかし青森市民にとって大間町が遠いのと同じように、函館市民にとっても大間町はあくまで他県であった。

行政区域は青森県、生活圏は函館市という大間町のねじれた現状が、大間原発をよりいっそう見えなくしてきた。大間原発の行政管轄は青森県のため、原発についての申し入れの窓口は青森県が担当し、北海道や函館市は蚊帳の外に置かれてきた。その行政区域である青森県にとっても下北半島突端の大間町は遠い町であり、青森県における反原発運動のあり方を見ても大間原発反対運動よりも六ヶ所再処理工場を中心とする核燃料サイクル阻止運動であった。大間町での原発反対運動は初めの頃、組合を中心として活発な一時期もあったが、その後電源開発の攻勢などもあり次々と下火になっていく。大間町は県庁所在地である青森市との距離があり、情報もまたすぐには届かない。青森や函館からの応援はあったが地元の反対派には厳しい反原発の運動となっていった。

第11章 函館の反原発運動の広がり

ストップロッカショ

函館での大間原発反対運動は「大間原発訴訟の会」がその中心を担っていたが、チェルノブイリ原発事故の記憶が薄れた頃から会員数は伸び悩み、市民への活動の浸透も今一つという状態が長く続いていた。函館の人間にとってもやはり大間原発は遠かったのだろう。チェルノブイリ原発事故で原発は嫌だと思った人たちも、日常に埋没しそれぞれの問題を抱えて余力を失っていた。

そうしたなか、二〇〇六年(平成一八年)に坂本龍一が呼びかけ始まった「ストップロッカショ運動」は、六ヶ所再処理工場が引き起こす放射能汚染を世界に知らせるために呼びかけたプロジェクトである。サーファーやミュージシャンを中心に、海を汚し環境を汚す再処理工場について知ろうと様々な運動が行なわれた。理屈ではなく感性で動いた反原発運動は若者を中心に大きな動きとなっていった。私はこのとき既存の反原発の集会やイベントに若い人が増えてきたのを実感した。

たとえば二〇〇八年に泊原発の隣町岩内町で催された泊原発三号機のプルサーマルシンポジウムの会場では活発に発言する若者たちが現われた。札幌や岩内で活動する「サッポロロッカショ」の若者たちだった。それまで反原発運動の中心は中年以降の人たちの専売特許との思い込みが私にはあったが、反原発の新しい波を感じた。その動きは函館にも波及し、反原発映画の上映会やイベントなどもこれまで以上に開催されるようになった。

また、二〇一一年三月一一日の福島第一原発事故以降、全国各地で新しい反原発運動の兆しが育ちつつあるのを感じる。かつて運動していた人が改めて活動を活発化させたり、市民運動を知った人の活動への初参加など、これまで行動を起こさなかった人が動き始めた。そんな大間原発に反対する函館での新しい動きを紹介してみる。

宮沢賢治の世界と反原発――佐藤国男さん

大間原発のキャッチフレーズである「大間原発大間違い」をつくったのは函館在住の版画家で縄文文様研究者でもある佐藤国男さんだ。おなじみのこのフレーズはチラシや横断幕に書かれ、イベントでも使われるなど、いまでは反大間原発のシンボルとなっている。

二〇一一年五月から始まった官邸前の金曜日デモに呼応して歩く「バイバイ大間原発函館ウォーク」では、佐藤国男さんは得意の技能を生かして行灯（あんどん）をつくり、ウォークに花を添える。

国男さんの描く宮沢賢治の世界は宇宙を駆ける透明な空気感、自然の織りなす美しさとともに人のもつ哀しさを感じさせ、見る人を虜にする。代表作は宮沢賢治の「銀河鉄道の夜」「注文の多い料理店」「もりのさんぽうた」など、原作を元にした版画で独自の絵本を制作し人気を博している。さらに山猫博士の別名をもち、北海道新聞に連載した「山猫博士のひとりごと」をエッセイ集として出版している。夏至の日には宮沢賢治の世界を幻灯にして朗読と一緒に楽しむ夕べを主催する。
また縄文文様研究家としての歴史も長く、縄文について語り出すと止まらない。原発については大間原発建設が表面化したときから反対し続け、版画を通して反原発を訴えている。宮沢賢治の思想から描く版画の世界と原発との関わりについて、また一万年という長い歴史をもつ縄文を生きた人たちの価値観と現代の私たちについてお話を聞いた。

佐藤国男さんに聞く

――「大間原発大間違い」というキャッチフレーズはいつ頃できたのでしょう？

佐藤　大間原発の建設がわかったときに、ちょうど新聞にエッセイを連載していたのでそのなかで「大間原発大間違い」と書きました。なぜ原発がいけないのか自説を説いたのです。一七年前くらいでしょうか。その頃から原発に対しては非常な危機感をもっていました。原発問題は金とか人事とかわけのわからない裏の世界で動いているようです。遺伝子を破壊するという意味で原発は嫌です。原発は原子力の平和利用といわれるけれど原子力に関して平和利用などありえません。原発も原爆も放射能に変わりありません。人類滅亡のもとです。
手塚治虫の漫画にも地球が放射能に汚染され、選ばれた人たちがロケットに乗ってほかの星に移住する話がよく出てきます。宮崎駿の初期のアニメもそうです。『風の谷のナウシカ』も原爆が使われた戦争の後の世界が背景になっています。放射能に汚染された世界が描かれているのです。宮崎駿も手塚治虫も原爆による放射能汚染が地球で必ず起こると確信していました。

しかし、核爆弾だけではなかった。原子力も同じで人為的なミスで地球を放射能に汚染させたわけです。恐怖は同じです。今回の福島もチェルノブイリも原爆の何倍の放射能を出したのだろうと考えます。そして放射能汚染水は確実に海に流れています。

原発がなくたって充分エネルギーは確保できるはずです。福島の原発の設計者であるアメリカ人は地震のないアメリカからきた原発は地震大国の日本には向かないと発言しました。日本はどこを掘っても温泉が出てくるような火山の多い国です。

大間原発がもしできれば必ず事故が起きると思います。函館から避難しなければならないのです。そうなれば福島第一原発の事故などというレベルではないと思っています。かなり広範囲に強烈な汚染が広がります。逃げる場所なんかないんじゃないかと思います。下手すると東北、北海道、あるいはもっと広範囲の土地が高レベルに汚染され人間が住めなくなってしまう。

そのリスクを冒してまでなぜ建てなければならないのか。人間の尊厳を全く無視しているのです、ただの一企業かなんだか知らないが、何から何まで嘘なんです。原発を止めてしまえば新しいプルトニウムの生産はないわけです。ようするに原発は手に負えないのだからすっぱり止めることです。

――縄文文化の研究家として大間原発をどう見ますか?

佐藤　「大間原発大間違い」のTシャツをつくりましたが、これを函館市民全員に着て意思表示してもらいたいです。

自分にできることは少ないかもしれないけれど、行動し続けるしかないと思います。声をあげないと賛成になってしまいますから。推進する人の身体は遺伝子が壊れているのかもしれません。

原子力は人間の手に負えないという単純な話です。直感的にいっても嘘の世界で、毒リンゴなんですよ。いまは毒リンゴを毒リンゴと知って黙っているのだからたちが悪い。いまある放射能だって凄まじい量だけど、これからまた原発つくるとまた増えてきます。現代人はそれを処理できない。とくに日本には保管する場所がないのです。

山を仕事にする人は木を植えるけど、それは自分のためでありません。いま木を植えるのは自分のためではなく子や孫、子孫の世代に有効利用してもらうためです。山から受ける恩恵は過去に先祖が植えた木によって、いま自分が受けています。林業だけでなく農業もそうだと思うけどそれを美徳として日本人は生きてきたと思う。それが原発はまったく違いますね。何で違うのか、遺伝子の大事な部分が壊れたのかと思う。原発推進する人は「推進病」だと思う。

縄文の文化では新しく産まれてくる命は先祖の生まれ変わりと信じていました。先祖の命は新生児の身体に宿って産まれてくる。霊魂というものは肉体を失っても不滅で新しく生まれ変わると信じられていた。先祖を敬う気持ちをもっていたのが縄文人なのです。

死ねば生まれ変わると素朴に信じていたのは一昔前の日本でもそうでした。原子力に関わる人たちはいまがよければそれでいいというふうに見えます。アイヌの人たちもいまある世界は子孫から借りているという価値観で生きています。自分たちが環境を荒らしてしまうと将来自分が生まれ変わったときに、自分が酷いところで生きなければならないのです。子孫に渡すものだから環境を大切にします。

縄文時代は日本列島という孤立した地域で一万年間続いたわけです。世界中一万年も続いた文化の例はありません。古代エジプト文明は三〇〇〇年くらいでしょうか。日本列島という狭い地域で一万年間も保守的に続いていたのは無駄なことをしなかったからといわれています。自分たちが大きく進歩することを好まず、必要とするもの以外は食料なども獲らなかったのです。だから貧富の差もあまりなく、階級制度も戦争もなかったようですね。それは自分たちが欲を出し、山や海から獲りすぎると将来の子孫に影響があることをわかっていたのです。だから程々に収穫して残しておいたのでしょう。

すべてをなくしてしまう原発は縄文の生き方とまったく反対のものです。次の世代のことを考えたら絶対につくれません。

（二〇一三年一〇月インタビュー）

農業と原発――ピーター・ハウレットさん

「バイバイ大間原発はこだてウォーク」の中心メンバーである自然エネルギープロジェクト代表のピーター・ハウレットさんは、高校講師であると同時にブルーベリーやトマトなどの野菜・果樹栽培農家でもある。函館市内や七飯町（ななえちょう）・北斗市（ほくと）に風車を建て環境に優しいエネルギーを消費者自ら考えようと企画している。

祖父譲りの筋金入りの平和主義者でユニークな反原発運動の提唱者でもある。反原発への取り組みでは面白い企画を次々出しては実現していく。ハウレットさんから次はどんな企画が飛び出すのか、ときどきハラハラしながら見ているメンバーも少なくない。

そんなピーター・ハウレットさんに大間原発との出会いや平和運動と原発について聞いた。

ピーター・ハウレットさんに聞く

――大間原発に反対していますがそのきっかけは？

ハウレット　昔から反原発に関心をもっていました。若い頃、東京にいたときから反原発集会に出かけたりしていました。その後、農業に興味があり大学はカナダで農業を学びました。卒業したあと、ここ函館に来たのは北海道でブルーベリーを栽培できる土地を探し、ここを選んだのです。昔もいまもずっと農業と環境が気になって暮らしていました。

原子力発電に関していえば、反対だったのですが、原発に代わるものを提示していかなければ説得できないと思っていました。安い電力をつくることができるということを示しながら反原発を訴えることで多くの人を説得しようとしたのです。函館でも大間原発に反対する人たちがいることを知っていましたから、それを支えながら別なもの、自然エネルギーの可能性を提示していこうと思ったのです。

――大間原発反対運動に関わるようになったのはいつ頃からでしょうか？

ハウレット　積極的に大間原発反対に関わったのは〈三・一一〉後からです。福島第一原発の事故を見て自分の考えが甘かったなと思いました。自分は原発に反対してきたが、どこかで大丈夫だろうと思っていたのです。福島の事故を見てドキッとしました。福島の事故を見て自然エネルギーのことだけやっている場合ではないと思ったのです。

やはり反対運動をやるしかないと思いました。もっと一般の市民が関われる仕組みをつくりたいと「バイバイ大間原発はこだてウォーク」を考えました。たくさんの人を巻き込んでいく運動にしたかったのです。

二〇一一年の五月に初めてのウォークを函館の千代台公園で開催しました。「ウォーク」と名付けたのも「デモ」という言葉を使いたくなく、もっと柔らかい雰囲気でやりたかったためです。組織的なデモではなく一般の人たちが気軽に関われるようにと考えました。ウォークは若い人たちも参加できるようなゆるい会としていまも続いて誰でも気軽に参加にできます。反対するにはいろいろなグループがあることが大事だと思います。

「バイバイ大間原発はこだてウォーク」で金森倉庫前を歩く

最初のウォークは大変な数の参加者になりました。一回目・二回目と六〇〇人を超えるときもありましたが、その後参加人数は少なくなり残念です。ウォークは個人個人が自分の意思で参加し、一人ひとりの責任で歩くということを尊重しています。

バイバイウォークではウォークの合間に、アピールしたい方はどうぞという場を設けています。いろいろな活動の情報交換の場にしたいと始めました。福島からやってきた方とか、遠くから参加してくださった方の発言も興味深いものでした。

僕たちがめざす社会のひとかけらをウォークに入れたいと思っています。みんなが安全に生きる社会、誰もが自由に活動できる社会のシンボルが芸術であり音楽であると思っています。これまでクラリネットやトランペット、ギターの演奏、歌もありました。その後〈サニーサイドアップ〉〈ジャックモウズ〉などのグループが定期的に参加してくれたこともありました。

「行灯（あんどん）」もウォークの特徴です。夏から始めてだんだん日暮れが早くなり、みんなが集まる頃には暗くなってきました。プラカードでは目立たないこともあり、行灯を考えました。版画家の佐藤国男さんの協力で、書道家にその都度伝えたいメッセージを行灯に書いてもらっています。函館は「光の街」でもあり、行灯はとても合っています。

――電源開発についてはどう思いますか？

ハウレット　大間原発を建てようとしている電源開発は僕たちに説明にも来ていないし、僕たちの話を一回も聞いてくれない。これは民主主義ではありません。民主主義はいろいろな人が意見をいえる仕組みです。大間原発は日本の民主主義が問われますと、北海道大学教授の吉田文和さんがいっています。一番影響を受ける人たちに一切説明もなく、我々は意見をいうこともできないでここまで来てしまったことは民主主義の欠陥です。はっきりいうとバカにされているのです。市長が東京の電源開発を訪ねても会うこともできません。闘う相手と思われていないのです。

日本は原発を輸出しようとしています。これは人類の未来にも関わる問題です。原発をやめて真剣に自然エネルギーをやり始めることでまったく違う未来が開けてきます。地域が風力・太陽光発電、津軽海峡の海流発電など独自のエネルギーをつくることで世界の裏側から石油を運んでこなくてよくなります。

これは平和になることです。闘う意味がなくなるからです。原子力は危険な核物質を扱うことで警察社会が必要になり、警察国家ができます。そして原発は被曝する労働者を必要とします。格差社会、戦争する社会をつくるのか、平和な社会をつくるのか、その岐路に大間原発は立っています。

（二〇一三年一一月インタビュー）

アートで伝える反原発——国立大喜さん

函館市末広町でトルコ喫茶「パザールバザール」を営む国立大喜さんは、映画やワークショップを通じて原発の危険性を訴える様々な企画を実践している。映画『六ヶ所ラプソディー』の上映会や、二〇一一年三月の福島第一原発事故以降は「豆豆つぶの会」の開催や大間町の〈あさこはうす〉を訪問するなどしている。

国立さんは妻の朋佳さんとともに、既存の反原発運動と原発から遠い人とを繋ぐ役割の必要性を感じ、両者を繋ぐ架け橋となることを模索している。私自身、長い反原発運動の歴史のなかでこれまでの活動がなし得なかったこと、活動が抱える問題点を考え続ける日々を送っている。市民運動との位置づけであったはずの会が組織運動に変貌していったこと、膠着した状態で新しい考えを取り入れる素地が少なくなったことなどを感じて悩み続けていた。そうしたなかで私は、国立大喜さんと朋佳さんの新しい感性で原発を捉え、放射能に向き合う未来を真摯に探し実践しようとする姿に、世代を超えた共感と希望を感じている。

国立大喜さんに聞く

――大間原発との出会いは？

国立大喜（以下、大喜）　函館に帰ってきたことで原発と出会いました。戻ったのは二〇〇七年ですが、町中で「ストップロッカショ」のステッカーを見ました。ロッカショって何だろうって思い自分で調べ始めました。大間原発に反対している人たちと出会ったことも大きかったです。それが私の大間原発との出会いです。

ストップロッカショのステッカーを見たお店は、映画『六ヶ所村ラプソディー』の上映に関わった人のお店でした。自分でも映画を観たいと思いホームページを探し自主上映を企画しました。周りの友人に声をかけて映画を上映し、そこでいろいろな繋がりができました。映画の上映だけでなく六ヶ所を見てみようと六ヶ所村を訪ね、映画のなかに登場する「花とハーブの里」の菊川慶子さんを訪ねました。そのうちに札幌で反原発運動に関わっている人たちと知り合い、各地の運動の様子を知りました。

――既存の反原発グループとは違う動きをされたのはなぜですか？

大喜　大間原発のことを多くの人に知ってもらいたいと思い、様々な人に紹介したりしてほかのグループとの繋がりはもっています。そういうなかで興味ある人とまったくない人との境目が見えてきました。自分に何ができるのかと考えたとき、まったく興味のない人と頑張って運動している人とのあいだに入るのが自分の役割と感じました。なるべくフラットな立場を大事にしようと思い、会員にはならないですが訴訟の会の活動のお手伝いをしています。全国の運動を見ても「あいだ」が大切なのではと思い、あいだをつなぐことの大切さを感じています。間口が一杯あればあるほどいろいろな人たちに気づいてもらえます。

――デモを歩く人、その外側の人との差はどこにありますか?

大喜　興味のある人もまったく興味のない人もいると思いますが、実は興味があってもそこに入れないという人もいると思います。いまの日本では自分の気持ちに正直に、思ったことを思ったように言ったり行動することがやりづらい世の中です。反対する人も賛成する人もいますが、相手を尊重することが必要と思います。反対する人は相手をまったくわかっていない、賛成する人は反対の人を何をやっているのだとお互いに感じているように見えます。デモをしている人たちは自分の思うように行動しているわけでそこは共感します。やっていない人はそのできない部分を尊重してもらっていないと感じているのではないでしょうか。

デモはやり続けるべきだとは思いますが、デモが必要と

トルコ喫茶を営む国立大喜さん。2014年7月、大マグロック会場で

どうやって伝えるか、どのように参加しやすいようにしていくか、一つずつ卸していくことが大切と思いますね。「自分は反対だ」ということだけを言い続けるのはどうなのかと自分の立場からは思います。

これまでのウォークでも音楽を取り入れたりと、努力しているのはわかります。自分は反原発にもアートの力が必要と思います。中身が混み合ったり難しくてうまく伝えられないというときに、デザイン一つでいい雰囲気を感じてもらうこともできます。間口を広げて来てもらえれば伝えることもできるのです。その最初の段階がないと裾野が広がっていかないですね。

――映画や音楽に学ぶ多様な価値観についてお聞かせください

大喜　若い頃から映画が好きでしたが、いろいろな人がいていろいろな社会があること、柔軟な考え方などを映画から学びました。様々なメッセージを出しているミュージシャンの人たちから受け取ったことも、反原発に関わるきっかけになっています。反対だと言葉で言うだけでなく、いろいろな伝え方があると思う。本を書く人も絵を描く人も、ブロガーも、野村さん(著者)のように生活のなかにそういうことを落とし込んで生きる人も含めてそれが大事と思います。

大間を訪ねたときに〈あさこはうす〉のことを知り、できることの手伝いに行くようになったのです。〈あさこはうす〉のことも大間のことも、自分の周りには情報が届いていなかったので直接行ってそれを伝えたいと思いました。大間のことを伝えて、それで函館の人に広がればいいと思っています。

〈あさこはうす〉で感じたのは、たくさんの人と行ったときには安心感があるけれど、少ない人数で行くと怖いということです。あさ子さんの土地は原発の敷地に囲まれ、大きなクレーンがそびえ原発の建物が外から見てもわかるのですが、一人そこにぽつんといると、とても怖いです。大きな力に押しつぶされそうで、自分がちっぽけだと感じます。それは実際の原発の問題と同じかなと思います。

〈あさこはうす〉に手紙を出すとか、一歩進んで手伝いに行くとかどれでもいいのです。

大間に行ってお店の人と話して感じることがありました。〈三・一一〉後、この町で生きていくのは正直怖いと話してくれた人がいました。函館の大間原発に反対するニュースを見ることもあり、函館の人から責められているように感じるといいます。原発は町として必要なものと思いながら、でも自分は怖いと。原発の町に住む人の感じ方を知ることで、どのように自分の反対の言葉を伝えるか考えたいですね。大間のデモに参加しても感じたことです。

大間町で原発反対を強くいうことが大間の人と気持ちを通わせることになるのか疑問でした。次のステップにそれをもって行きたいと思います。直接触れ合うことが大事ですね。まず行くだけでもいいのでみんなに行ってほしいです。函館の大森浜からもよく見えますが、行って見るとまた違います。

原発の問題ですごく大きいのは土地であり、土地は生きていく場所であり、そこを所有するということはそこに根を張り暮らすスタートになると思います。家族がいて一緒にここで生きて、いつか子どもができてと考えると、目の前に大間原発ができることは自分たちのいろいろなことの決断に影響します。だからこそまだ建っていない、まだ稼働していない大間原発ができないようにしたいと思います。

（二〇一三年九月インタビュー）

奥さんの国立朋佳さんも一緒に

国立朋佳さんは、トルコ喫茶パザールバザールでデザート、ドリンクを担当。画家・イラストレーターをしながら絵本を出版するなど多彩な活動を行なっている。明るく華やかな色彩と透明感のあるイラストはファンが多く、見る人の心を和ませる魅力がある。

絵画も本人もそこに在るだけで周りを明るくしてくれる。反原発に対しても独自の感性で放射能との向き合い方を探し、放射能は目に見えないものだから自分も見えないものをとことん信じようと行動する。見えるものでできたこの社会の不確かさに対して、見えないもので立ち向うというスタンスは新鮮だ。古代から受け継がれてきた習わしや民族に伝わった身体の浄化方法などいまの世にも充分通じる教えは自然に寄り添う暮らしに通じている。

自分への静かな問いかけから出てきた反原発は、様々な可能性とこれからの生き方をも模索するようで私も教えられることが多い。

国立朋佳さんに聞く

——ご主人の大喜さんとはどのようなご縁で知り合ったのでしょう？　また大間原発について考えるようになったきっかけは？

国立朋佳（以下、朋佳）　主人と知り合ったのは二〇〇七年（平成一九年）の『六ヶ所村ラプソディー』の上映会のときです。その数年前に「ストップロッカショ」のことを知りました。上映会のときに大間原発のことをアートで表したミニコミ紙を配布することになり、社会の汚さを感じてそれを絵にしました。国家の汚さを絵に表わしたのです。原発をつくってしまう国家の汚さです。

大間原発のことはなにも知らず、自分たちの知らないところで何かが動いていると感じました。旦那さんと知り合い、大間に行くようになってやっと理解するようになりました。それまでは自分から知ろうとしなかったし、別の世界の出来事でした。大間原発は現実にあるものなのに夢物語のようでいまでも不思議な存在です。

福島第一原発事故が起きたあとも、原発は自分にとってつかみどころのない問題でした。みんな必至に止めようとしているのに止まらないし、放射能は流れ続けているし、この世のことと思われません。人間が手をつけてはいけないものだったと思います。

最初は原発嫌だ、怖いと思っていたけど、いまは否定ばかりしていられない、と思うようになりました。反対反対と言うだけでは止まらないし、放射能が流れてしまった現実を受け入れ、そのうえで自分たちが楽しく暮らしていくことを考えるようになりました。放射能を通して自分たちの暮らしとか生き方を見つめるようになりました。人生で最大限楽しく自分が満足できる生き方をどうしたらできるのか、何が自分にとって幸せなのか、豊かなのか、そのことに重点を置くようになりました。

――原発に反対する運動に関わってみてどんなことをいま感じていますか？

朋佳　もし原発事故や放射能がなかったらこんなに真剣に考えなかったと思う。自然に戻った暮らしがこんなに大事で、こんなふうに生きていきたいと強く思ったきっかけです。やりたいと思ったらやらなければと思い、昨年の春インドに行きました。免疫力を上げるためにインドの伝統医学である〈アーユルヴェーダ〉を勉強しました。自分にとって美味しいものは何だろうと考えオリジナルドリンクをつくったり、ケーキをつくるときも身体にいいものをと考えるようになりました。

小さいことだけど、私は直接国家に向かっていったり裁判にいくわけではないけれど、自分にできることで転換していけたらと思います。放射能が怖いという思いをそのまま表現することも大事だけれど、一回自分を通してその怒りや力を自分の生活の何に変えられるか、転換が大事と気づきました。私だったら嫌だという思いを美味しいドリンクにしようとか、美味しい食べものをつくろうとか身体にいいケーキつくろうとエネルギー転換することを大事にしたい。

国立朋佳さん(右端)。〈パザールバザール〉の前で

〈三・一一〉後に旦那さんは友人たちと「豆豆つぶの会」を企画したけれど、原発に興味ある人にしか来てもらえなかったことがあります。周りからあれでは参加しづらいと言われました。自分たちが砕いて届けていると思っても反原発に理解のある人にしか来てもらえないのかと思いました。

昨年夏に企画した「ハコイノリ」は、参加した人が誰一人原発反対と言っていないし、旗も掲げていないけれど最後にメインゲストのエマさんが言いました。
「踊りをすると大地とつながり、歌を歌うと愛を知って、太鼓を叩くと宇宙とつながるのです。それをみんなに知ってほしいと思い、それを知ったら海を汚したり、空気を汚したり、放射能を垂れ流したり、原発をつくったりしたくなくなる、このことをみんなに知ってもらいたい」
そのとき会場から拍手が起きました。自分がやりたかったのはこれなんだと思いました。誰も旗を掲げていないけれど、自分の思いを歌や太鼓や踊りに込めて伝えることが自分のやり方に合っているのです。老若男女から拍手が起きました。

——これからどう暮らしたいですか？

朋佳　これから子どもを産みたいと思っているので放射能の怖さは多少あります。魚が食べたいと思っても怖いので食べられません。自分の身体に蓄積するのが怖いですね。〈アーユルヴェーダ〉を勉強したので免疫力を高めるためにオイルマッサージをしたり、身体のなかのものを出すために小さな断食をしたりと食を中心にやっています。自分へのおまじないのような気分ですね。
インドに行きヨガを習ったのですが、リラックスが一番大事と言われました。リラックスは難しいですね。毎朝ヨガをしています。放射能は目に見えないのだから、こちらも目に見えないものを信じようと思っています。第六感的なものをとことん信じようと思ったのです。インドがそれを信じさせてくれました。

（二〇一三年九月インタビュー）

第12章 大間原発の未来の姿

原発の歴史

原発の歴史は一九五四年（昭和二九年）、旧ソ連のオブニンスク原子力発電所の運転開始から始まるが、原子力の黎明はその一二年前にさかのぼる。一九四二年（昭和一七年）、アメリカのエンリコ・フェルミがシカゴ大学での実験炉で核分裂反応の連鎖を成功させていた。そして一九四五年にアメリカは原爆を造り、広島と長崎に投下した。

いま人類初の原子力発電の稼働から六〇年が過ぎ、世界の原発は廃炉の時代を迎えている。もし日本で大間原発の運転が開始されたら、その後の廃炉へ続く道のりはどうなるのだろう。

私は会で訴状を担当するために廃炉の勉強を始めたのだが、その過程で国の廃炉対策のあまりの杜撰さに日本の原子力政策の破綻を確信した。死の灰を生み出す原発は、その始まりから終焉まで、放射能との闘いである。そのことに真摯に向き合うためには常に事実に対して誠実であらねばならない。しかし日本の原子力政策には草創期から人類の命を脅かす核分裂に対しての畏れも謙虚さもなかった。廃炉について調べれば調べるほど政治家、そして科学者の不誠実な姿が浮き彫りになっていった。

解体を考えずに造られた原発

一九五六年(昭和三一年)、日本の原子力政策をまとめた「原子力長期計画」には原発を解体することの記述はない。原発の設計・建設は事故や地震に備えて頑丈に造ることだけが重視され、解体については全く議論されないまま今日にいたっている。安全な解体のためには原子炉内部の詳しい構造と詳細な図面が必要になるが、建設時の図面の保管義務すらないのである。

そのため二〇〇一年(平成一三年)から始まった東海発電所の解体現場では実際様々な問題が起きている。また残された図面によって解体作業が進められているときに、図面とは違う工程で溶接作業が行なわれていることが発覚し、解体作業の中断や作業時間の変更を余儀なくされるなどの問題が起きている。

原発の内部には膨大な量の極めて長い配管が人体の血管のように張り巡らされている。解体作業はそれを決まった大きさに切断して箱に入れ、それを様々な方法で放射能が漏れないようにする作業である。狭く複雑な原発内部を巡る配管を切断するには詳細な図面が欠かせないが、廃棄や紛失などで図面が見つからない場合も多いという。

原子炉内部やコンクリート部分、各種の機器類など、それぞれの設置されている場所や汚染度によっても解体作業は違ってくる。水をはったプールのなかでの配管切断や放射線量の高い領域ではロボットによる解体作業も考えられているが、高濃度汚染状態のなかでの解体作業はいまだ研究途中である。しかも国は現在、解体を考慮した設計を原発の建設条件に加えていない。そのためこれから本体部分が建てられようとしている大間原発もまた解体が考慮された設計となっていない。

原発解体の問題点

二〇一三年(平成二五年)に稼働予定だった大間原発は、福島第一原発事故により工事は一時中断し、二〇一二年一〇月一日に電源開発は建設工事を再開する。福島での原発事故を受け、二〇一二年九月に発足した原子炉の安全性を審査する「原子力規制委員会」は、二〇一三年七月に新規制基準を発表した。建設中の大間原発は工事再開したものの、新安全基準による設計変更が予測されるため本格的な工事は進んでいなかった。二〇一四年の運転開始予定は二〇一二年三月に「未定」となった。

福島第一原発事故後、日本の原発は定期点検によって随時止まり、再稼働を許さない世論の高まりを受けて二〇一二年五月五日にすべての原発が停止した。その後、二〇一二年七月大飯原発は再稼働したが再度定期点検によって止まり、日本の原発は二〇一三年九月一六日からすべて停止している。現在の日本は原発なしの電気で動いている。

日本の原発第一号は一九六六年(昭和四一年)に茨城県那珂郡東海村に設置された東海発電所一号機である。イギリスから輸入された黒鉛減速炉炭酸ガス冷却型原子炉(コールダーホール型原子炉)で、日本初の商業用原子炉となった。この一号機は三〇年の営業運転をへて一九九八年(平成一〇年)、運転を終了した。二〇〇一年に燃料を搬出し、解体計画書を提出して解体を始めた。その解体計画では二〇一三年までに原子炉の冷却期間を含め一六年をかけて原子炉領域解体前工程を終了し、二〇一四年原子炉解体の開始予定となっていた。しかし、二〇一三年一一月、来年度から予定している原子炉の解体作業を先送りし、廃炉が遅れる見通しになった。原子炉内の部品や制御棒など、解体後に出る「廃炉のゴミ」を埋める処分場がいまだに決まっていないからである。

原子炉は運転停止後、一〇年から一五年の冷却期間をおいて放射能の数値を下げてから初めて解体に取りかかる。原子炉は運転中に核燃料から放出される中性子に晒され金属の性質が変化し、自ら強い放射能を出すようになる「放射化」が起きる。そのため原子炉本体の汚染を取り除くのは困難を極める。

原子炉そのものが放射化してしまうと、どんな方法をもってしても放射能は減らせない。さらに高濃度汚染区域のなかでの作業は時間との闘いであり、労働者の被曝は避けられない。これまで原子力の現場で行なわれてきたように、もっとも危険な作業は不安定な立場の労働者が従事する可能性が高い。原発は、営業運転中の日常的な被曝、定期点検中の作業員の被曝、そして運転休止後の作業員の被曝、原発解体どきの被曝などのリスクを抱える。なかでももっとも危険なのが解体どきの被曝で、運転中の約一〇倍といわれている。

クリアランス制度の問題点

原発の稼働期間と解体期間に発生する低レベル放射性廃棄物と高レベル放射性廃棄物の総量はとてつもない量になる。これから既存の原発が次々と解体を迎える時期になるが、現在新規の原発計画としての大間原発が解体を迎えるときはすでに解体による廃棄物を引き受ける余裕は日本にはなくなっているだろう。

国は二〇〇五年(平成一七年)一二月、「クリアランス制度」を制定した。クリアランス制度とは、原子力発電所の廃止措置や運転・修理に伴って発生するさまざまな廃材について、放射線防御の観点から特別の管理を要する「放射性物質として扱うもの」以外に、元来放射線による汚染のないものや、放射性物質の放射能濃度が極めて低く、人への影響が無視できるものを「放射性物質として扱う必要のないもの」として、法令で規定された手続きに基づき、資源としてリサイクル可能な有価物(スクラップ金属)や一般廃棄物として取り扱えるようにする制度である。

しかし「放射能濃度が極めて低く人への影響が無視できるもの」に関しては、そもそも放射能濃度の測定ができるのかという問題がまずある。出てきた廃材の放射能測定を厳密に行なう専門検査官の存在や膨大な量を測る測定経費、その手間などを考えると「極めて低い放射能濃度」を決定するのはどこの機関がどのように行なうのか大いに疑問である。

また「放射能濃度が極めて低く、人への影響を無視できる」とあるが、放射線の影響は被曝量に関係なく起こることが科学的に証明されている。二〇〇五年六月、米国アカデミーの委員会は「利用できる生物学的、生物物理学的データを総合的に判断した結果、委員会は以下の結論に達した。被曝のリスクは低線量に至るまで直線的に存在し続け、しきい値はない。最小限の被曝であっても、人類に対して危険を及ぼす可能性がある」という結論を発表した。

また、人間の被曝に対してもっとも充実したデータを提供してきた広島・長崎の原爆被曝者に関するデータはむしろ低線量になるに従って単位線量当たりの被曝の危険度が高くなる傾向を示している。

ＩＣＲＰ（国際放射線防護委員会）の委員などを歴任したカール・ジーグラー・モーガン氏は「非常に低線量の被曝では高線量の被曝に比べて一レム当たりのガン発生率が高くなることを示す証拠すらあり、それは超直線仮説と呼ばれる」と述べている。

大間原発が解体を迎える頃には日本中の原発の解体が進み、その廃棄物は途方もない量となり、原発立地地域での永久保存がもっとも現実的な方法となる。東海発電所の解体を担当している日本原子力発電の松本松治副社長（二〇〇九年当時）は、

「解体はやっているのだけれど、廃棄物がどう処分されるかわからない。外に出せない場合は、そこに（発電所内）保管せざるを得ないわけですが、だんだん逼迫してくると、ある意味解体に着手できない状況に陥っていく」

とインタビューで答えている。

以上の状況から見えてくるのは、原子炉の解体の難しさと、原子炉とそこから発生する膨大な廃棄物が結局原発立地地域で永久保存される姿である。

ＭＯＸ使用済み核燃料は大間原発敷地内に残る

大間原発はこれまで述べているように、日本中の原発のゴミから取り出すプルトニウムの処分を目的に炉心全体にウランとプルトニウムの混合酸化物燃料（ＭＯＸ燃料）を使う原子炉である。これまで日本の電力会社は、原子力発電所の使用済み核燃料は地元に残さないことを確約してきた。それ

らはすべて東海村、または六ヶ所村の再処理工場、あるいはイギリス・フランスの再処理工場に送ることになっていたのである。

しかし東海村と海外での再処理分の輸送は現在すべて終了している。六ヶ所再処理工場は使用前検査におけるトラブル続きで本格稼働の目処は立っていない。燃料貯蔵プールは約三〇〇〇トンの貯蔵容量に対して、現在約二八〇〇トンが貯蔵されていてほとんど満杯である。そのため六ヶ所再処理工場が本格稼働できない限り、日本中の原子力発電所からの使用済み核燃料の搬入はストップせざるを得ない。

大間原発の使用済みMOX燃料は、先に述べたように六ヶ所再処理工場で再処理することは技術的・法的にもできない。プルトニウムを含んだ使用済み燃料は通常のウランの使用済み核燃料に比べて発熱量が高く、超ウラン元素という放射性核種を多く含んでいるため、普通の再処理工場では取り扱うことができないのである。計画では六ヶ所再処理工場の次に造る第二再処理工場に送ると説明されているが、六ヶ所再処理工場すらいまだに動かせないままである。第二再処理工場建設など夢のまた夢である。

二〇〇〇年(平成一二年)の、「原子力長期計画」では、第二再処理工場について「工場の再処理能力や利用技術を含む建設計画については、六ヶ所再処理工場の建設、運転実績、今後の研究開発および中間貯蔵施設の進展状況、高速増殖炉の実用化の見通しなどを総合的に勘案して決定されることが重要であり、現在、これらの進展状況を展望すれば二〇一〇年頃から検討されることが適当である」とされている。もうすでに二〇一五年になり、六ヶ所再処理工場はいまだ稼働していない状況で検討の余地はない。

第二再処理工場の計画はこれまでもたびたび先送りされてきた。六ヶ所再処理工場の現状は、高レベルガラス固化体製造問題など、技術開発自体の失敗が原因と考えられる。ということはさらに技術的に難しいMOX燃料の再処理工場(第二再処理工場)の実現性は極めて低いといえる。

廃炉のコスト

一九四二年(昭和一七年)に人類初の原子炉「シカゴ・パイル一号」がシカゴ大学の地下で核分裂の連鎖反応の制御に成功してから七〇年が過ぎ、世界の原子力発電所は廃炉の時代を迎えている。現在普通規模となっている一〇〇万キロワットの原子力発電所は通常一年間にドラム缶一〇〇〇本の低レベル放射性廃物(ゴミ)を産む。原発が四〇年間運転するとして、一〇〇〇本×四〇年で四万本のドラム缶に入った低レベル放射性廃物が出てくる。四万本×五四基の原発が生み出す放射性廃物の総量は、四〇年間で二一六万本。そのほかに原子炉稼働中に出てくる高レベル放射性廃物・核分裂生成(死の灰)は一〇〇万年にわたって生命環境から隔離しなければならない危険物である。

日本原子力発電は九電力会社が九割出資する原発専門の卸電気事業者で、東海発電所の廃炉を担当している。日本原電の調査によると原発一基当たりの廃炉費用は一一〇万キロワット級で約五五〇億円。廃炉費用の内訳は、解体費用と解体放射性廃棄物の処理費用からなり、総見積りの三分の二が解体費用で、三分の一が放射性廃物の処理費用になっている。解体については先述したように技術的に未熟であり、この後も時間の遅れと費用の増加は確定的である。

「原子力発電施設解体引当金に関する省令」は、原子炉の廃炉に伴う費用が膨大な額になるため、廃炉のときまでに電気料金に上乗せして徴収し、積み立てておくことを目的としている。解体費用がかかるときに原子炉は廃炉になっているため、その費用をいまの私たちが払う電気料金から積み立てるということである。二〇〇〇年(平成一二年)に省令の改正が行なわれ、廃炉にいたるまでの想定総発電量を一七万七三九〇時間(二七年間運転で年間の設備利用率七五パーセントと想定)が、二六万二八〇〇時間に引き上げられた。設備利用率を七五パーセントとして想定発電量を算出する式から推定すると、原発の寿命を二七年から四〇年に引き上げたことになる。

また原発引当金の積立額は総見積額の八五パーセントから九〇パーセントに引き上げられた。原発解体引当金は火力発電との差額を積み立てておくもので、総見積りの九〇パーセントを引当金として積み立てることは、原発の解体費用は火力発電の解体費用より少なくとも一〇倍になることを国が認めていることになる。その費用はすべて電気料金に上乗せされる。火力発電の一〇倍を超える解体費用をかけることがわかりながら、電気のためでもない大間原発を国と電源開発は建設しようとしているのである。

ほかの原発から出てくる使用済み核燃料も溜まり続け、六ヶ所再処理工場は稼働できず、行き場を失った使用済み核燃料のために、東京電力と日本原子力発電は二〇一三年八月、むつ市に使用済み核燃料中間貯蔵施設を完成させた。使用済み核燃料を原発以外で貯蔵・管理する国内初の施設である。日本の原発の使用済み核燃料は全量再処理が決められている。六ヶ所再処理工場は行き詰まり、日本各地の原発もまた出てくる使用済み核燃料を抱えて飽和状態である。それでも出てくる使用済み核燃料を中間的に保管する場所としてむつ市に造られたのが使用済み核燃料中間貯蔵施設である。

使用済み核燃料中間貯蔵施設は当初、東京電力柏崎刈羽原発の使用済み核燃料を搬入し、今年度中に使用前検査を済ませて操業を開始する予定だった。しかし原子力規制委員会が新規制基準の適合確認を一二月に行なうまでは使用前検査を実施しない方針を固め、操業は延期された。施設は最終的に五〇〇〇トンを受け入れ最高五〇年間保管する。むつ市の使用済み核燃料中間貯蔵施設は建設予算が一〇〇〇億円を軽く超えるといわれている。原発のゴミを引き受ける再処理工場が稼働せず、溜まり続けるゴミを留め置くために日本中に中間貯蔵施設を建て続けるのだろうか。

取り出す予定のプルトニウムを燃料とする本来の高速増殖炉は事故続きで建設準備すら中止させられている。それなのに国策としての核燃料サイクルを止めることができない日本は、アリバイのために採算性もなく危険が大きく世界中が見捨てたフルＭＯＸ原発技術の壮大な実験施設、大間原発の建設を遮二無二進めようとしている。

あまりにも道理の通らない国の政策に怒りがわいてくるが、次にこの政策で利益を受ける者は誰なのか考えてみたい。もちろん〝原子力村〟の住民たちのほかにいったい誰が利益を受けるのかということについてである。

大間原発建設で利益を得る者

大間原発建設で利益を得る者としてまず第一に原発建設を請け負う建設業者が挙げられよう。建物・港湾・道路と数年にわたって仕事がある。保守政党の基盤である全国の建設業協会が原発建設計画をバックアップするのも頷ける。

一七〜一八年前に六ヶ所再処理工場の敷地内を見学したことがある。三八〇万平方メートルの広大な敷地をバスで廻った。敷地内は区画整理されてそこに立てられた看板には日本の大手建設会社のほとんどの名称が書かれていたのである。原発は建設業界と抜きがたく結び付いていると実感できた。建設作業員や定期点検作業員などの雇用創出、原発立地自治体の小売り業や宿泊などのサービス業も一時需要が増える。しかし、原発特需は長続きしないことはこれまでの歴史が証明している。景気が上昇するのは工事期間のみで、工事が終われば地元の小売業やサービス業の売り上げは激減する。雇用創出も一定期間であり、原発が建ってしまえば一三カ月ごとの定期点検の仕事があるだけである。

電源三法といわれる交付金はたしかに一時期は自治体の会計を潤す。しかし一度膨らんだ財政を縮小するのは容易ではない。打出の小槌のような電源開発交付金を求めて、やがて原発立地自治体は原発二号機・三号機の建設を要請するようになる。電力会社の思惑通りである。

国や大手企業が地方の再生に力を発揮するという幻想はとっくの昔に破綻している。開発とともにやってくるのは資本による搾取であり、のちに荒廃した地域環境だけが残されることは下北半島の新全国総合開発計画の経緯をみればわかる。

下北半島だけではなく国の開発計画には、地方への愛もそこに住む人間への思いやりも見つけることはできない。経済が低迷を続けるいまの時代に地方が生き残ることができるとしたら、地域住民みずからの行動による地域振興しかないのではないかと私は思う。それには地元への愛情が何より必要である。地元を愛し、昔からの暮らしを大切にし、郷土の誇りといえる物産や技術をいまに活かす方法を、知恵を振り絞って考えること。そしてそれを守り抜く人と自然を大切に保ち続けることが必要である。それは地方を超えて世界へと広がる可能性をもち、そこに住む若い人たちを育てていくことにもなるだろう。

第13章 変わる大間町

大漁旗を振る若者

一九七六年（昭和五一年）四月、大間町商工会が大間原発誘致を決めたときから、二〇一五年（平成二七年）で三九年が経つ。初めて大間町に渡ったときに漁師の家の窓に貼られていた原発反対のステッカーを思い出す。何度か通ううち大間町では反対する人たちが少なくなり、町も道路も変わっていった。海沿いの道から続く〈白砂海岸〉が電源開発の敷地内になり、原発のための新しい道路ができ、新しい建物が多くなり、「交付金通り」と呼ばれる立派な道路には立派な建物が並ぶようになった。

しかし大間の変化はそれだけではなかった。

いつの頃からかフェリーを降りたときに港で大漁旗を振る若者がいることに気づいた。私に振ってくれたわけではなかったが、静かなフェリー乗り場にまるで何か色がついたようだった。それが〈あおぞら組〉の出迎えだった。

フェリー乗り場の売店で見た〈マグロ一筋Tシャツ〉〈マグロのぼり〉などの新しい町の物産はそのあおぞら組のアイデアらしいと聞き、彼らに会いたいと思った。大間町で何かが変わろうとしている、そんな予感がした。

〈あおぞら組〉――島康子さん

大間町でマグロとともに有名なのが〈あおぞら組〉。組長こと島康子さんは、全国からの集客を誇る「大間超マグロ祭り」の仕掛人である。

大間町は、二〇〇〇年のNHK朝の連続ドラマ「私の青空」の放映で一挙に全国区の知名度を得た。ドラマはマグロ漁師一家の物語で、マグロの一本釣り漁師を伊東四朗が好演した。ロケ中から大間町内を巻き込んだ撮影と、放映後は全国からの反響で大間町が活気づいた。その勢いに乗ってつくられたのがまちおこしグループ〈あおぞら組〉である。代表の組長・島康子さんは仙台からUターンして家業の木材会社を継いでいる。青森独特の風土を逆手に取った新しい発想と持ち前の行動力で町を元気にしている。

あおぞら組の活躍の場は大間町から函館市、青森市、東京下北沢まで幅広い。自分たちの暮らす町を自分たちの手で元気にし、誇れる町にするという意気込みは熱く、その言葉の勢いに彼女と出会った人は誰もが呑み込まれそうになる。

実は島康子さんへのインタビューはこれまで何度かお願いしていたのだが、その都度断られていた。今回受けていただいたのは、大間町の居酒屋での偶然の出会いからだった。

原発立地地域でのまちおこし、それも大間町あげての「大間超マグロ祭り」など大きな催しに絡んでいるとなると、必ず原発マネーがらみと推測されると島さんは言う。毎年秋、大間町で開催

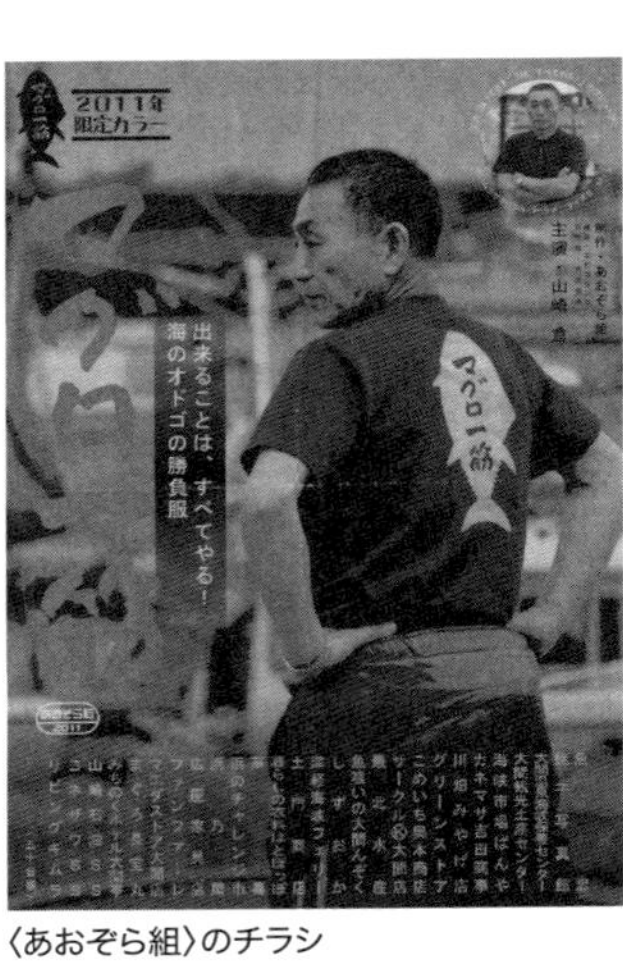

〈あおぞら組〉のチラシ

される「大間超マグロ祭り」は本州、北海道からも多くの人が集まる大掛りな祭りである。目玉はマグロの解体ショーで、解体されたあとのマグロは会場内で即売する。お客さんは一様に保冷バッグを担いで大間にやってくる。市場価格より安いマグロが目当てだという。漁港の前の倉庫では解体ショーが行なわれ、港沿いにはご当地グルメを販売するテントが立ち、マグロ丼、マグロの炙り、汁物、イカ焼き、大間名物カラフルなべこもちなどが並んでいる。二日間に渡って開催される祭りのあいだフェリーも旅館も大賑わいである。

　島さんの活躍を耳にするたび、マグロによるまちおこしと大間原発は共存できるのか、という疑問が私のなかに湧いてきた。マグロ人気にあやかった観光振興はひとたび原発にトラブルがあれば一瞬にしてしぼんでいくだろうと思ったのである。マグロを求めて全国からくる客達は新しいマグロの産地を探すだけだ。しかも福島第一原発事故以降、原発に対する国民の目は厳しく、放射能に対する知識も事故以前とは比べものにならないほど広まっている。原発立地自治体としての大間町を、そして大間原発を〈あおぞら組〉はいったいどう捉えているのか、まちおこしの目的と大間町の未来について語ってもらった。

島康子さんに聞く

――「大間超マグロ祭り」の仕掛人だそうですね。

島　その前に「大間超マグロ祭り」には原発マネーが入って大きくなったといわれていますが、原発マネーはまったく入っていません。誤解を受けることが多いのでまずそこをはっきりしておきたいと思います。この祭りは行政の力を借りずに自分たちのもっているもので地域を盛り上げたいと始めたものです。立ち上げのときから行政の力をあてにしないで、自分たちのできることを力を合わせてやっていこうと決めていました。原発マネーに依存している経済の回り方と一線を画して、自力でやっていこうとしたのです。

しかし取材もせずに原発マネーがらみと書かれたこともあります。私たちが自分たちの足で立っていこうとする動きを封じ込めるような感じにいわれるのは非常に心外です。

――では、お祭りの収支はどのようになっているのですか？

島　これが収支報告ですので見てください。電源開発からは祭りの寄付として三万円をいただいていますが、それは町内のほかの団体と同じ額です。参加各店が自腹を切ってやっています。当日いろいろな店がテントを出しますが、それぞれのお店の販売の手数料として売り上げの二〇パーセントをいただいて経費としています。

よく間違えられるのですが、夏に町主催で開かれる「大間町ブルーマリーンフェスティバル」があります。これは経産省の一〇〇パーセント補助で行なわれていて、私たちの祭りとは違います。

二〇〇一年(平成一三年)からこの祭りを始めました。いまは一〇年経って大きな祭りに見えるかもしれませんが、始めたときはお客さんがちょろちょろと来るくらいでした。二〇〇〇年に「私の青空」というNHKの連続テレビ小説が放映されました。大間町の漁師の娘が主人公でした。そのドラマのおかげで大間町の名前が全国に広まりました。そのドラマを観て、大間に行ってマグロを食べたいという声が大きくなりました。

でもその頃、大間で獲れたマグロはほとんどが築地に運ばれ、地元では食べることができなかったんですね。なんで大間でマグロを出せないのって思ったのが始まりです。行政にマグロを買ってもらってお客さんに出すのではなく、自分たちの力でできることを少しずつ力を合わせてやってみようと始めたのです。

大間マグロ像

漁協や町内のまちづくりグループ、商店街などいろいろな組織から委員が集まり、ビジョンができました。ビジョンはできたけど行動に移さなければ意味がないと。そのために委員有志で立ち上がりました。その行動するグループが「大間やるど会」です。

とにかくマグロを目玉にして大間にお客さんを呼んで来る集客キャンペーンをやろうじゃないかと

始めました。それが二〇〇一年一〇月の「朝やげ夕やげ横やげ――大間超マグロ祭り」になりました。

――以前は大間に来てもマグロが食べられなかったのが食べられるようになりました。どうしてなのですか？

島　大間町の人は、大間のマグロは高くて手が出せないから、大間でマグロを仕入れても売れるわけがない、行政が仕入れてどこかで売るしかないと思っていました。行政のやることを待っているんじゃなくて、自分たちでできることをやってみようと始めたのが「大間超マグロ祭り」の出発点でした。

一〇〇キロくらいのマグロ一本を買うのはなかなか難しいのです。大間じゅうの飲食店を回って注文をかき集めたらちょうど一〇〇キロのマグロ一本になりました。会場でマグロの解体ショーをやって見せて、さばいたマグロはそのまま飲食店に仕入れてもらいました。見に来た人がその場では買えないので、お客さんにはマグロを食べたかったら町内の飲食店で食べてくださいと案内しました。会場では漁師の朝ごはん、イカやサンマを焼いて出していました。会場で解体ショーを見たお客さんは、マグロを食べられなくてマグロのえさを食べさせるのかと怒りましたね。

そのとき、マグロ解体ショーをやっているプロの人が、目の前で解体しながら売らないのは不本意だと言い、自分が仕入れて、自分の責任で売りますと言い出したんですね。祭りの最終日に解体と販売を会場でやったら、お客さんは喜び、マグロも売れましたね。翌年からはマグロ業者が自分で仕入れて自分で売るということになり、そちらに任せました。その後、大間にお客さんが来るようになると、飲食店が直接、漁協や仲買から仕入れて売るようになりました。それで注文をとるような部分もそちらでやってくれるようになりました。
回数を重ねて口コミでお客さんが増えました。三回目、四回目から急に大きくなりました。マグロを目玉にしてお客さんがここまで大間に来てくれることがわかってきて、地元のお店もマグロを仕入れてお店に置いてくれるようになったのです。

――ほかに〈あおぞら組〉の活動は?

島 マグロ関連商品の開発に力を入れています。二〇〇二年に〈マグロ一筋Tシャツ〉をつくりました。二〇〇四年アテネオリンピックの柔道九〇キロ級で、大間出身の泉浩選手が銀メダルを取りました。大間からアテネに応援に行った人たちは、みんなこのTシャツを着ていきました。マグロTシャツのメディアの露出度が一挙にあがりました。

それからです。〈マグロ一筋Tシャツ〉が大ヒット商品になり、組に潤沢な活動資金が入ってくるようになりました。それ以前は金がなければ勇気を出せ、というスタンスで活動していたのです。お金のかからない活動が中心です。たとえば、フェリーのお客さんに大漁旗を振って、「よく来たのー」と言って迎えました。一銭もかからず、元気と笑顔があればいいという活動です。

二〇〇四年からTシャツのヒットで資金が入るようになり、今もこのTシャツは安定的に売れるので、安定したゲリラ資金になっています。原発マネーに頼らなくても、自分たちで商品開発して自分たちの活動資金になっていくように活動を続けてきました。

オリンピック騒動も追い風でした。選手のおっかけ番組がつくられ、泉選手のお父さんはマグロ漁師で自分の職業を誇るようにTシャツを着て応援していました。このお父さんの奮闘がワイドショーなどたくさんの番組でも取り上げられ、Tシャツ人気に一役買ってくれました。

ヒット商品となったあとのTシャツの売り方もみんなで考えました。自分たちが通販で売るというのは止めました。町のいろいろなお店に卸して、大間限定Tシャツにすることを決めました。Tシャツが売れれば自分たちにもゲリラ資金が入るし、卸した店にもマージンが入ります。街の人も一生懸命売ってくれるし、町の人たちも私たちの活動を応援してくれるようになりました。そしてこのTシャツは大間に来なければ買えない、ということにしました。その決断がいま考えると大きかったと思います。多くの町の人が〈あおぞら組〉を応援してくれています。

私たちの商品は町の人がモデルなんです。町の人たちもゲリラ活動のなかに引っぱり込んでしまってます。一緒に楽しくやっていこうよと。

──「オーマの休日」が笑いをとっています。

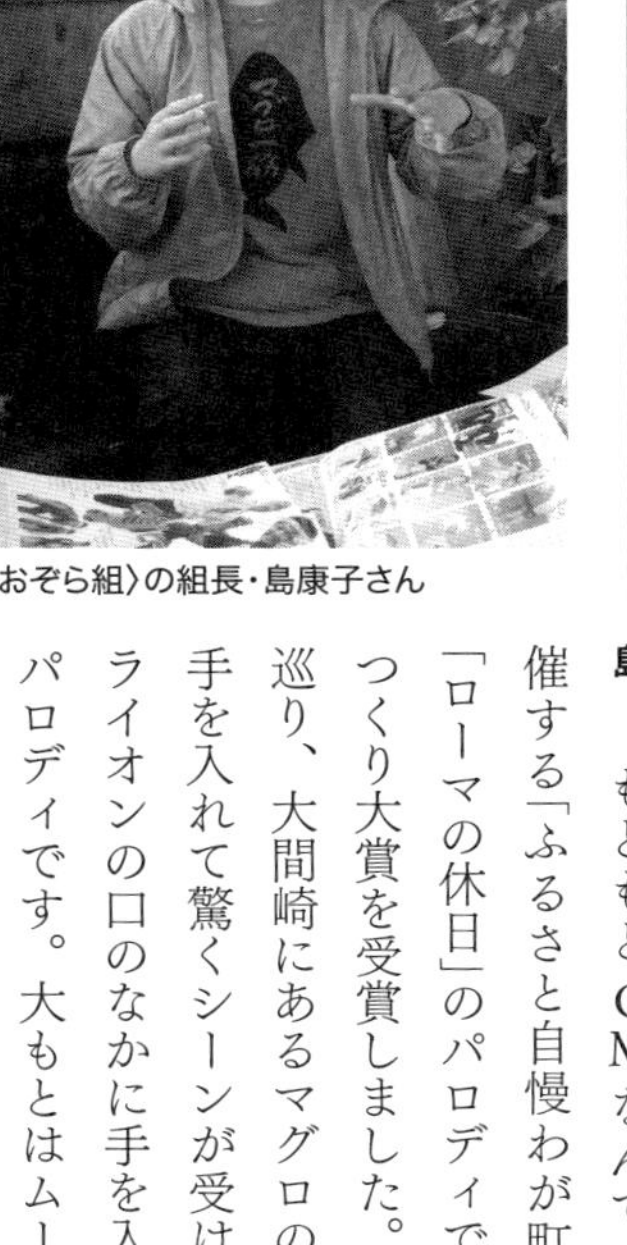
〈あおぞら組〉の組長・島康子さん

島　もともとCMなんですね。青森朝日放送の主催する「ふるさと自慢わが町CM大賞」コンテストで「ローマの休日」のパロディで「オーマ(おおま)の休日」をつくり大賞を受賞しました。バイクに乗って大間町を巡り、大間崎にあるマグロのモニュメントの口の中に手を入れて驚くシーンが受けています。映画のなかのライオンの口のなかに手を入れて驚くというシーンのパロディです。大もとはムービーなのですが、勝手に写真を使って大間の観光キャンペーンに使用しています。
ムービーも自分たちで撮影しました。メンバーのなかに写真館の息子がいて写真や映像を撮ります。デザインも自前でやりました。

――観光地としての大間の魅力は？

島　観光協会のホームページを見る人の検索データがあります。かつての大間では八月だけが突出していてほかの月はほとんど動いていなかったのですが、マグロの獲れる時期に検索数が増えました。マグロが大間の観光資源になっていることがわかりました。一月が突出しているのは、築地のマグロの初競りのおかげです。
マグロの獲れない時期が大間にとっては観光オフシーズンになっています。周辺の市町村と連携しながら面としてやっていきたいと思っています。「津軽海峡・観光バクダン塾」で松前町や函館・湯の川の女将さんを呼んで勉強会をしました。津軽海峡と下北半島をつなぐ勉強のためです。
二〇一三年の春には大間―函館を結ぶフェリーに新しい船が就航します（注：このインタビューは二〇一二年三月に実施）。大間にとってフェリーは新しい観光資源です。青森に新幹線が来ても大間には遠いので函館の新幹線開業が大間のめざすものです。青森・函館・大間が新幹線の開業に向けて、道南と下北半島を繋げるツアーを現場でつながってつくることができればいい商品になるのではと思います。下北半島と函館圏を繋いで広域の観光エリアとして考えていきたいですね。
原発マネーにまみれている大間に見えるかもしれないけれど、地道にやっている者がいることを知っていただきたいです。それで経済が成り立っていけるところまでいければ、原発いらないって大きな声で言えるけれど、その前にその依存経済のなかに組み込まれている人たちが多いのが現状です。

——福島第一原発事故以降、建設工事が止まり、その後再開しましたが停滞しています。

島　原発について先が見えない状態が長く続いてきたのではっきりしてほしい、というのが本音ですね。不透明なままになっているのは大変です（注：この年の秋の二〇一二年一〇月に建設工事再開）。町も電源開発も私たちに対しては住民説明も何もないですね。原発にからんでは町議会からの質問もないようです。

原発マネーがいらない状態になればと思うけれど、三〇年くらい原発ありきでやってきた町がすぱっと原発いらないに変わるのは難しいでしょうね。それに向かって投資してきた人にとってはいまは厳しい状態だと思います。

——これまで丁寧にまちおこしをやってきました。でも原発で何かがあったら一瞬ですべてがなくなります。

島　福島第一原発事故が起きてみて初めて原発立地自治体にとって事故が起きたときにどうするかについての準備をまったくしていないということに気づきました。何か起きたときにどうするのか、腹をくくって考えなければならない。それでもやるのかってことですね。原発については仲間とも世間話的に話すけれど、しっかり話すことはないですね。

——事故が起きたときの放射能汚染や温排水の海への影響などが懸念されています。

島　原発を誘致したときはマグロの収穫量が落ちたときだったそうです。原発誘致のときはここにいませんでした。そのときにいなかった自分が何も言えない、という判断はあります。Ｕターンしたとき、原発に関してもう決まったことだったので、すでに決定ありきとして自分で整理してきました。

――原発とマグロのどっちをとりますか？

島 いまそのハードルを超えるのは厳しいですね。〈白砂海岸〉はきれいでした。いまは原発敷地内になり通れなくなりましたが、大間の人たちの自慢でした。昔、大間と奥戸（おこっぺ）という二つの地区の若い人たちが対立して決闘になりそうになったことがあります。「白砂海岸の決闘」といまも語られています。

決して原発がいいとは思っていません。とにかく他力本願で原発に依存してきたのはよくないと思います。

――原発マネーに頼らないでやっていくということで言えば、今はチャンスでは？ 福島第一原発事故の影響で大間原発建設工事は止まっている（二〇一二年一〇月工事再開）**。原発が建たない可能性もある。自力で立つ町を実現するチャンスかもしれませんね。**

島 町の人も巻き込んだまちづくりをしてきました。食っていける状態ができれば自分の本音で生きられる。自力で立つ経済のまち大間町になるには、もう少し経済で結果を出せるようにならなければと思っています。震災後、原発関連の仕事が止まったことと震災の影響で経済は落ち込んでいます。お弁当屋さんや飲食店への影響が大きいです。

下北半島の震災後のデータでは、施設の入り込み数では下北半島は六〇パーセントダウンしました。他地域は三〇～四〇パーセントのダウンでした。大間町は震災と原発関連とダブルで落ち込みました。二年が経過し、落ち込みの回復は進んでいません。町ではやっぱり「原発がなきゃ」という声が大きくなっています。
ただ、福島の悪夢を聞くと、あんな思いをどこの地域でもしてほしくないと思います。

（二〇一二年三月インタビュー）

お金をかけない丁寧なまちおこしをしてきた〈あおぞら組〉の基本は「マグロのまち大間町」である。そのマグロのいる海、津軽海峡を汚してしまえばマグロもまた汚れてしまう。自立した大間町をめざすのであれば、原発依存からの脱却こそが本当のまちおこしにつながるのではないか。島さんの話を聞きながらそう思った。

私は長年函館で大間原発に反対してきたが、この町に住む人が町の未来をどのように考えるのか、それを知ることなしに反対することは難しい。そんなふうに悩むなかで出会ったのが島さんだった。大間町に住みながら原発のない未来を思い描く人が増えてきたら、それを後押ししながら大間原発に反対する運動も一緒にできるのではないか――島さんと出会って私はそんなふうに考えるようになっていた。

未来と理想のないところに原発はやってくる。まだ大間原発は建っていない。原発のない大間町の未来をつくることは不可能ではない。大間町が原発依存体質を捨てれば、原発を跳ね返した町として生きられる。

終章　地方自治体が原発を止める——函館市の挑戦

函館市が大間原発建設差し止め訴訟を提訴

二〇一四年（平成二六年）七月三日、地下鉄霞ヶ関駅で降りて小雨のなか、東京地裁に向かった。さすがにスーツ姿が多い。地裁の門前には早々とカメラを立てている報道陣もいる。地裁に入ろうとすると、空港のゲートのようなものがあり、荷物の検査をされた。法廷内で傍聴人による暴力事件が起きてから厳しくなったという。

地裁前では六四の傍聴席を求めて希望者が列をつくり始めている。傍聴席を求めて並んだ人は最終的に二五〇人を超えた。マスコミの関心が高いのはやはり全国で初めての地方自治体の原発建設差し止め裁判だからなのだろう。函館からの報道関係者、小笠原厚子さんとその娘さん、東京や神奈川からも支援者が来てくれている。四列か五列になった列の後尾に私も並び、どうにか傍聴券を手にしてなかに入ることができた。

ロビーにいると地裁の入口から工藤壽樹函館市長が弁護団と一緒に入ってくるのが見えた。市民が原告となった大間原発を止めるための行政訴訟で顔なじみになった弁護士たちに囲まれて、初めての口頭弁論を前に緊張している様子だった。私は市長に「函館から来ました。今日は頑張ってください」と声をかけた。すると市長に笑みが浮かんだ。工藤市長と握手をした。
公判が始まる。工藤市長は三三分間にわたり概略次のような意見陳述を行なった。

意見陳述

福島原発事故後止まった大間原発工事が二〇一二年一〇月、市に何の説明もなく、建設の同意も求められず工事は再開された。しかも国は原発から半径三〇キロ圏内の市町村に避難計画の策定を義務づけた。住民を安全に避難させる義務を地方自治体が負わされた。福島原発事故の事故原因の調査も不完全なままで、事故以前の審査基準で許可された大間原発は、建設を即時止めるべきだ。

大間原発の問題点
①福島以前の基準でつくられる。
②プルトニウムとウランの混合酸化物燃料を全炉心で使うフルMOXは世界で初めて。
③大間原発の西方、西側海域には巨大な活断層の可能性。
④津軽海峡は国際海峡でテロの格好の標的。
⑤大間原発でつくられる電気は必要とされていない。
国や電源開発に対して説明を求めてきたが、納得できる答えはなく、不安は払拭されていない。「魅力ある市町村ランキング」の二位になった魅力的な街函館。観光、農水産物は原発事故

が起きればすべて壊滅的な影響を受ける。二〇一三年市議会議長、各会派の代表と福島県南相馬市と浪江町を訪問し、福島原発周辺自治体の様子を自分の目で確かめた。わかったのは次のことだ。

原発は過酷事故が起きると地方自治体、その地域が事実上半永久的に消え去る事態に陥る。地方自治体の存立そのものが将来にわたって奪われる。これは原発事故以外に考えられない。放射能を撒き散らす原発の過酷事故は、これまでの歴史にない壊滅的な状況を半永久的に周辺自治体や住民に与える。函館がその危機に直面している。電気を起こす手段に過ぎない原発によって街が脅かされる。

工藤市長は反原発・脱原発の立場ではなく、世界を震撼させた福島第一原発事故を起こしたわれわれ世代の責任として、最低限立ち止まって考えるべき、原発建設の無期限凍結を訴えたいと締めくくった。

三三分間が短く感じられる熱い陳述だった。大間原発の危険はもとより、自治体の首長としての役割をはっきりと述べた。それは市民の安全と財産を守ることと、国富。国富とは住民が安心して働き、暮らすこと。それがとりもなおさず国の富であると断言した。きっぱり市民の安全と安心を自治体の目的とするとの言葉は、選挙のとき以外聞いたことがなかった。陳述が終わったとき私は思わず拍手してしまった。そしてお約束通り裁判長から「傍聴人は静粛に」と注意を受けた。

自分の住む街の首長が市民とその財産・未来を守るために国を相手に喧嘩も辞さない覚悟で意見

陳述を行なったのだ。うれしくて拍手ぐらいするだろう。自分たちの応援こそが市長を支える、その思いで陳述を聞いた人たちがたくさんいる。もちろん裁判に影響を与えたり、人を不快にさせる行動は慎まなければならないが、心情溢れる人間的な動作や言葉を止めるこの非人間的な裁判所のルールにはいつもあきれてしまう。

その後、国は異例の意見陳述を行ない、函館市の原告不適格を主張した。通常国は口頭弁論を書面で済ますことが多いのだが、一回目の公判から被告としての意見陳述を行なった。これは極めて珍しいことだ。国の意見陳述の内容は、函館市は地方自治体であり、自治体には人格権も財産権もなく、したがって函館市には大間原発建設差し止めを主張する資格はないというものだった。

原告不適格という国の主張に海渡雄一弁護士は、「国は訴えの却下を求めたが、地方自治体の危機感からの訴えに真摯に向き合うべきだ」と述べた。その後、参議院議員会館で裁判の報告会が開かれた。

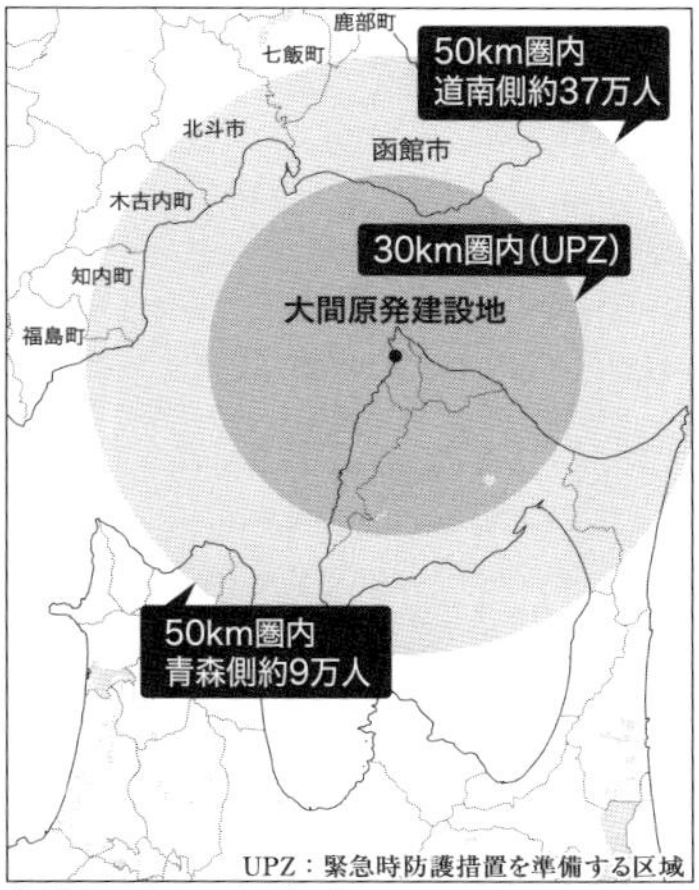

報告会では、〈原子力資料情報室〉の澤井正子さん、〈大間原発訴訟の会〉の私・野村保子が大間原発のことを話した。その後記者会見を終えた河合弘之弁護士、海渡雄一弁護士、井戸謙一弁護士、望月賢治弁護士、中野宏典弁護士、兼平史弁護士が参加し、裁判の様子を報告した。

大間原発からの距離・人口［函館市のHPより］

報告会には東京を中心に各地から支援者が駆けつけてくれて一一九人が参加した。北海道からテレビ中継もありメディアの関心の高さを窺わせた。

中央集権と原発利権システム

函館市の提訴表明は二〇一四年四月三日に行なわれた。その記者会見には多くの報道人が集まり、翌日、多くの新聞に「全国初、函館市長による大間原発建設差し止め裁判」の記事が掲載された。その後、函館市には全国の地方議会の議員たちの訪問が相次いでいる。

国は地方自治体に対してこれまで交付金と許認可権にものをいわせ、霞ヶ関の役人を頂点とする中央集権のシステムを営々と築いてきた。いま全国の地方マスコミは国に逆らった自治体と国との喧嘩の行方を注視しているのだろう。政府、電力、経済界、建設業界、商社、物流とこの国のシステムは中央集権と大手企業が結び付いて、市民の利益を吸い上げる構造がつくられてきた。地方分権の時代といわれながら、既得権益を手放さない役人と中央官庁、それに唯々諾々と従ってきた地方自治体、政治家の罪は重い。函館市もまた第5章で述べたような、たとえば二〇一〇年の「原子力シンポジウム」開催時の曖昧な態度が、その後の電源開発や国の傲慢ともいえる態度を引き出してきたのではないか。それが二〇一二年の強引な建設工事再開につながっていったのだと私は考える。

福島第一原発事故のあと、東京電力は巨額な広告宣伝費を〝安全神話〟の拡散のために投じている。たとえば二〇一〇年、東京電力は二六九億円もの普及開発予算を注ぎ込んでいたが、これらはすべてマスコミ対策費だといえる。完全な独占企業である電力会社が競争相手もいないのに、これだけの巨額な予算を業界につぎ込むのはなぜか。それは膨大な予算額でマスコミ業界を縛る必要があったからである。原発事故直後から、政治家や原子力村の科学者が撒き散らした「直ちに健康には影響ありません」という言葉がそれを象徴している。このことは福島第一原発事故で必要な情報が届かず、避けられた被曝をしてしまった住民たちにとって生死に関わる問題であった。

また事故後、政府が事故対策として行なった政策のなかには広告代理店と一緒にプランを練ったものもある。広告代理店は原子力業界と深く結びついて、その電力会社のもつ莫大な広告予算は独自の生き物のように原子力推進の旗ふり役を担っているのである。電力会社のOBが地方の経済団体のトップやマスコミ関連会社に就任するのは半ば常識となっている。原子力の平和利用をマスコミ大手の読売新聞が提起した歴史の皮肉をもう一度想起したい。

原発は巨大プロジェクトであり建設業界とも切り離して考えられない。二〇年近く前、六ヶ所再処理工場の敷地内見学ツアーに参加したことがある。まだ何処のプラント建設も始まっていなかったが、広い敷地の一つ一つに大手建設会社の名前が書かれた看板が立っていた。日本の建築大手のほとんどすべてだった。一般社団法人全国建設業協会は日本の四七都道府県にあり、傘下企業に二万社を抱える大きな団体である。選挙のたびに巨大な集票マシーンとして機能し、保守の地盤を支える。函館市でも大間町でも建設工事のほとんどはまず大手が担い、その下請けで実際の仕事をするのが大間町内の会社と函館市内の中小の建設会社である。

そのような保守の地盤で選挙を闘った工藤壽樹函館市長に全国的な圧力があるだろうことは想像に難くないが、それでも市長は異議を唱えた。一方的な上からの押し付けに対して、地方は自ら選択した未来を描かなければ生き残れない。函館市が起こしたこの裁判はその明解な〝国に対する反旗〟といってよいのではないか。中央と地方自治体の力関係を考えるとその差は歴然としているが、たとえ小さな街であってもみずからが誇りを見つけようと努力するとき、その街の一人ひとりの住民が活きる街になるのだと思う。工藤市長は大間原発凍結を公約にして市長になり、三年後のいままさにその公約を果たそうとしていた。

この日まで工藤市長の二〇一一年四月の選挙公約である大間原発凍結がなかなか実行されずに歯がゆい思いを抱いていたのは私だけではなかった。しかしそのあいだ工藤市長は用意周到に国や事業者への要請活動、陳情、申し入れと既定事実を積み上げてきた。二〇一三年には福島第一原発事故の調査のために、南相馬市、飯舘村、浪江町などの現地を訪れている。その結果としての提訴であり、意見陳述だった。福島第一原発が見せてくれた原発の真実に目を瞑ってはいられない、いま決断しなければならないと市長は考えたのだろう。許認可制度に縛られ、何をするにも中央にお伺いを立てるこれまでの地方のあり方に、結果的に異議を唱えた。中央官庁や政治家はこの提訴を反逆ととらえるのだろう。

しかし五月二一日、福井地裁で行なわれた大飯原発の再稼働の裁判で、裁判長は国の富は人が働き、人が生きてこそ得られるのが国富であると断じた。工藤市長もまた、たかが電気を起こす手段にすぎない原発のために街が脅かされる危機に函館市が直面している、大間原発を許すことはできないと断言した。

地方で生きる――必要なだけを受け取る暮らし

地方で土地に根ざして自分たちなりの暮らしを生きる道を選んだ人たちが少しずつだが増えてきている。市民による大間原発裁判の第二回で意見陳述した「山田農場チーズ工房」の山田あゆみさんは夫の圭介さんとともに函館市の郊外・大沼で山羊や羊を飼いチーズをつくっている。山で山羊たちを放牧しながら四季折々の自然とともに生きる暮らしである。人が住めない急斜面を山羊や羊は草を求めて歩き、灌木の茂みをはい回り、山地を均して人が入れるようにしてくれる。チーズ職人の山田圭介さんは、「この山の放牧地は山羊たちが作ってくれたようなものなんです」と言う。二〇一四年からは新たに南斜面を利用してブドウを育て始めた。いつか自然派ワインが飲める日を山田家はめざし、私もその日の来るのを待っている一人である。

山を開き荒れ地を開拓して木を植え、植物を植え、人の暮らしと融合させる。圭介さんとあゆみさんは自然の形を変えていくことに心を痛めつつ、新しい自然と人の繋がりを模索しているように見える。原始の時代から人はこのように畏れをもって自然と向き合い、自分たちの暮らしを紡いできたのだろう。

毎日、あゆみさんが搾る山羊の乳から圭介さんはチーズをつくる。圭介さんはまさに職人さんという言葉がぴったりで、家族と暮らす家、動物たちの住まう畜舎、チーズの熟成庫も自分でつくった。暮らしのほとんどが手仕事からなる暮らしは清々しく、自然とともに生きるその日常は人の心を癒すのだろう。山田農場を訪ねる人はチーズを求めるだけでなく、その生き方を知りたいとあゆみさんと

〈山田農場チーズ工房〉の山田あゆみさん［右］

話し込む。三人の子どもと山羊と羊とアヒルと犬と三匹の猫との暮らしは絵本のようである。

しかし、毎日の労働とともにある暮らしは自然の厳しさと表裏一体である。そしてできるだけ少ないエネルギーで暮らしを賄い、牧草も畑もブドウもできるだけ手をかけずにそのもののもつ力で育つ酪農と、農業をめざしている。自然の恵みで生きる姿は昔の人の暮らし方と共通するものがあると感じる。自分たちが必要とするだけを自然から受け取り、自然に戻していく生き方である。

自然豊かな大沼で、できるだけ自己完結できる暮らしを求めて実践する若い世代が増えてきている。厳しい労働と不便さを楽しむその心意気が人を引きつけるのだろう。新しい価値観をもって生きる姿に私自身が学ぶことも多い。少なく使って少しのもので生きることが当たり前の社会になれば、世界中の飢える子どもは少なくなり、争いや戦争を避けることが可能な社会に近づくことを夢見ることができるのではないだろうか。

大間町で手づくりのマグロ祭りを企画実行し、マグロの町大間への大きな流れをつくりあげた〈あおぞら組〉は行政の手をなるべく借りず、手弁当で進めた企画が功を奏した。いまでは祭りのときはフェリーが満員に近くなるほどの客が全国から集まり、大間のマグロ人気を盛り上げている。

函館でも二〇一四年で七回目を迎える「はこだて国際民俗芸術祭」がある。一九九八年に函館で結成された和太鼓楽団〈ひのき屋〉が叶えた夢である。太鼓好きの若者たちは保育園や学童での太鼓指導も含めて日本各地で公演し、地道に活動してきた。クロアチアから招待されて始まった海外演奏公演は行く先々でファンをつくり、海外の民俗芸術家の函館公演につながった。

毎年夏、函館市元町の元町公園で開かれるこの国際民俗芸術祭は、ひのき屋が海外公演で培った魅力を函館で開花させた。今は〈ヒトココチ〉として独立し、海外からのアーティストがここ函館で演奏し、踊りたいと自ら希望して訪れてくるようになった。八月上旬、海外からの演奏者や踊り手は学校や保育園を回ってワークショップを開き、子どもたちはアートで世界と繋がる経験をする。函館の街は、世界のいろいろな民族の人たちで賑わい、華やかな衣装と様々な楽器が繰り出す音と色彩であふれた素晴らしい空間になる。

地球という大きな船に生きる感覚を体のどこかに遺伝子というかたちで身につけた若い世代の到来である。戦後をしばらく過ぎて戦争という破滅的な破壊行為からようやく蘇ったこの国は、市民には知られないまま新たな戦争に向かおうとしているように見える。いまを生きる多くの人が経験していないあの戦争で始まった核開発が、平和利用の名の下に原発を生み出した。この国の原発推進派は、原発という名の核開発を世界に広げ、さらなる戦争に繋げようとしているように見える。世界と繋がるために必要なのは「人間の安全保障」である。元国連人権委員で元国連難民高等弁務官の緒方貞子さんが言ったこの言葉が胸の深くにいつもある。人と人が繋がることで平和を実現しようという提案である。

新たな価値観で働き、生きることを選択した若者たち、街を生き生きさせるために世界の民族と音楽で繋がるミュージシャン、まちおこしを手づくりで実践するグループ。みんなこれまでの生き方からちょっと離れたスタンスで、いとも軽々とやってのけてしまっているように見える。

地方が活きる時代に原発は似合わない。地方に住む人間がそこで楽しみ、そこに人が集まるのは生きることと暮らしの楽しみが一緒に考えられるからなのだ。中央から降りてくる企画ではなく、暮らしのなかから生まれた働く楽しみと手仕事が暮らしを彩る。それが人を引きつけ、人を癒すのだ。原発とともにやってくる大きなお金も、大きな工事も働く場も時期が過ぎればなくなるもの。それをあてに街の未来は描けない。そこに住み、暮らすことで見えること、わかることを大切に地道な生き方を続けることが、未来につながると確信する。

未来と理想を描きながら生きる人たちのところに「原発」はやってこない。

年表

——大間原発と日本・世界の原発をめぐる動き

西暦（年）	邦暦（年）	月	大間原発の動き	月	日本と世界の動き
一九四五	昭和20			8月	アメリカ、広島・長崎に原爆投下。
一九五二	昭和27			11月	アメリカ、第一回の水爆実験。
一九五三	昭和28			12月	アメリカ、アイゼンハワー大統領が国連で原子力平和利用の提言。
一九五四	昭和29			3月	アメリカのビキニ水爆実験によりマーシャル諸島の島民および第五福竜丸等の船員らが被曝。日本、原子力予算が初めて国会に上程される。
一九五五	昭和30			11月	日米原子力協力協定調印。
一九五六	昭和31			1月	日本、原子力委員会発足。
				5月	日本、科学技術庁発足。
一九五七	昭和32			7月	国際原子力機関（IAEA）発足。
				8月	日本、初の原子炉JRR-1が臨界。
				12月	アメリカ、初の商業用原発が運転開始。
一九六一	昭和36			6月	日本、原子力損害賠償法が公布。
一九六六	昭和41			7月	日本東海原発、運転開始。
一九六八	昭和43			7月	日本、核拡散防止条約調印。
一九六九	昭和44			6月	日本、原子力船むつ進水。
一九七〇	昭和45			3月	日本、敦賀原発一号炉、営業運転開始。
				11月	日本、美浜原発一号炉、営業運転開始。
一九七一	昭和46			3月	日本、福島原発一号炉、営業運転開始。

年	和暦	月	大間の動き	月	日本・世界の動き
一九七三	昭和48			9月 10月	イギリス、セラフィールド再処理工場で放射能放出事故。 第四次中東戦争開始。アラブ石油輸出国機構が石油生産の削減を決定。
一九七四	昭和49			3月 6月 7月 8月 9月 11月	日本、島根原発一号炉、営業運転開始。 日本、電源三法（発電用施設周辺地域整備法、電源開発促進税法、電源開発促進対策特別会計法）が公布。 日本、美浜原発一号炉、蒸気発生器細管損傷事故。 日本、原子力船むつ臨界。 日本、原子力船むつ放射能漏れ事故。 日本、高浜原発一号炉、営業運転開始。
一九七五	昭和50			10月	日本、玄海原発一号炉、営業運転開始。
一九七六	昭和51	4月 6月	大間町商工会が大間町議会に「原子力発電所新設に係る環境調査」の実施を請願。 大間町議会が請願を採択。	2月 3月	アメリカでGE社の技師三人が原発の危険性を内部告発し辞職。 日本、浜岡原発一号炉、営業運転開始。
一九七七	昭和52			9月	日本、伊方原発一号炉、営業運転開始。
一九七八	昭和53		原子力委員会、大間町にCANDU炉立地要請。	11月	日本、東海第二原発一号炉、営業運転開始。

西暦(年)	邦暦(年)	月	大間原発の動き	月	日本と世界の動き
一九七九	昭和54	8月	原子力委員会、大間町のCANDU炉導入見送り。	3月	アメリカでスリーマイル島原発事故。日本、大飯原発一号炉、営業運転開始。
				4月	イラン革命が起こる(第二次石油危機)。
				5月	アメリカのワシントンで一〇万人の反原発集会開催。ドイツで州政府がゴアレーベン再処理工場の建設申請を却下。
一九八〇	昭和55			4月	フランスのラ・アーグ再処理工場で電源喪失事故。
				6月	スウェーデン、議会が二〇一〇年までに原発全廃を議決。
				11月	アメリカ、オレゴン州民投票で原発新設を禁止。
一九八二	昭和57	8月	原子力開発利用長期計画において電源開発を実施主体とするATR実証炉計画を決定。	1月	アメリカのギネイ原発で蒸気発生器細管の大破損事故。
				4月	日本、福島第二原発一号炉、営業運転開始。
一九八三	昭和58	3月	原子力委員会、大間町をATR実証炉立地点に決定。立地調査、基本計画示される。	2月	ロンドン条約締結国会議において放射性廃棄物の海洋投棄凍結を決議。
一九八四	昭和59	12月	大間町議会が「原子力発電所誘致」決議。賛成一六名・反対一名。	6月	日本、女川原発一号炉、営業運転開始。
				7月	日本、電気事業連合会が青森県と六ヶ所村に核燃料サイクル施設立地を正式に申し入れ。日本、川内原発一号炉、営業運転開始。
一九八五	昭和60	1月	町と電源開発が大間漁協・奥戸漁協に対して原発調査委員会設置のための臨時総会の開催を要求。原発問題の決着を図るが、否決。	9月	日本、柏崎刈羽原発一号炉、営業運転開始。

西暦	和暦	月	大間原発関連	月	日本・世界
		6月	電源開発は青森県・大間町・風間浦村・佐井村にATR実証炉計画への協力を要請。		
一九八六	昭和61	4月	総合エネルギー対策推進閣僚会議が大間地点を「要対策重要電源（新型転換炉ATR）」に指定。	4月	ソ連でチェルノブイリ原発事故。フィリピン政府がバターン原発の未稼動廃炉を決定。
		12月	建設予定地に土地を所有する反対派漁民十数名で「大間原発に土地を売らない会」を結成。	12月	アメリカのサリー原発二号炉で二次系配管の大破損事故。
一九八七	昭和62	6月	大間漁協が原発調査対策委員会の設置を承認。それとほぼ同時に電源開発は用地買収に乗り出す。	2月	イギリスの高速増殖炉原型炉PFRで蒸気発生器細管の大破損事故。
				11月	イタリア、国民投票で原発推進の法律を廃止。
一九八八	昭和63	4月	奥戸漁港が原発対策委員会の設置を承認。	5月	アメリカで電力会社と州がショーラム原発の未稼働解体を合意。
				12月	ベルギー政府が新規原発計画の放棄を決定。
一九八九	昭和64／平成1	3月	大間漁協が原発交渉委員会設置を承認。	5月	ドイツ、ヴァッカースドルフ再処理工場の建設を中止。
				6月	日本、泊原発が稼働。
一九九〇	平成2	3月	大間・奥戸両地区の地権者代表委員会が電源開発の土地買収を了承。	6月	イタリア議会が原発全廃を決議。
				7月	日本、北海道議会において幌延町の高レベル廃棄物貯蔵・研究施設建設に反対の決議。
一九九一	平成3			2月	日本、美浜原発二号炉で蒸気発生器細管の破断事故。
				12月	ソ連、崩壊。
一九九二	平成4	1月	奥戸漁協が原発交渉委員会設置を承認。		

西暦（年）	邦暦（年）	月	大間原発の動き	月	日本と世界の動き
一九九三	平成5	9月	青森県が漁業補償金交渉仲介を表明。	11月	ロンドン条約締結国会議において低レベル廃棄物の海洋投棄全面禁止を決定。
一九九四	平成6	5月	大間・奥戸両漁協、臨時総会で発電所計画同意および漁業補償金受け入れを決定。漁業補償協定の締結。		
		9月	「ストップ大間原発道南の会」結成。		
一九九五	平成7	7月	電気事業連合会、通産省などに対してATR実証炉計画を撤回しフルMOX-ABWRの建設を申し入れ。	12月	日本、高速増殖炉もんじゅでナトリウム火災事故。 日本、岐阜県瑞浪市において地元自治体と動燃事業団が高レベル廃棄物処理研究施設を建設する協定に調印。
		8月	原子力委員会、ATR実証炉計画を中止してフルMOX-ABWR導入を決定。		
一九九六	平成8	1月	電源開発が大間・奥戸両漁協に対し計画変更を申し入れ。	11月	日本、柏崎刈羽原発六号炉（世界初のABWR改良型沸騰水型炉）が営業運転開始。
一九九七	平成9			3月	日本、東海再処理工場アスファルト固化施設で事故。
				6月	スウェーデン議会が原発の段階的廃止法案を可決。 フランス首相が「スーパーフェニックス」の閉鎖方針を表明。
				8月	日本、動燃改革検討委員会が報告書を作成。
一九九八	平成10	8月	大間・奥戸両漁協は臨時総会を開催して計画変更および漁業補償金受け入れを決定し、変更漁業補償協定を締結。	2月	フランス政府が「スーパーフェニックス」の廃炉を正式決定。
				3月	日本、東海原発が営業運転を終了。

西暦	和暦	月	大間原発をめぐる動き	月	日本・世界の原発をめぐる動き
		9月	電源開発が環境影響調査書を提出し大間町と隣接三町村が縦覧。		
		12月	17日、大間原発第一次公開ヒアリング。		
一九九九	平成11	4月	風間浦村・佐井村が臨時議会を開催し発電所計画に同意、協定を締結。	9月	日本、JCO事故。
		8月	平成一一年度電源開発基本計画に大間原子力発電所計画の組み入れが決定される。		
		9月	電源開発は一部用地が未買収のまま設置許可（旧版）を申請。		
二〇〇〇	平成12			2月	日本、三重県知事が芦浜原発計画を白紙撤回。
二〇〇一	平成13	10月	電源開発が経産省に安全審査一時保留願を提出。	1月	日本、中央省庁再編による新体制が発足。
				6月	日本、もんじゅの運転再開に向けて改造の許可申請。
				9月	アメリカで航空機テロ事件発生。原発の警備強化。
				11月	日本、浜岡原発一号炉でECCS系配管が爆裂。
				12月	日本、東海原発の解体に着手。
二〇〇二	平成14			8月	日本、東京電力のトラブル隠しが発覚。
二〇〇三	平成15	2月	電源開発、未買収用地の用地買収を断念（熊谷あさ子さんの土地が原子炉地点に残る）。原子炉を南に二〇〇メートル移動させることを公表。	1月	日本、名古屋高裁金沢支部がもんじゅ設置許可の無効確認判決（のちに最高裁で逆転）。
				4月	日本、東京電力の原発がすべて（一七基）停止。
				6月	日本、むつ市長が使用済み核燃料中間貯蔵施設の誘致を表明。
二〇〇四	平成16	3月	（旧版）設置許可申請取り下げ、（現行版）設置許可申請。	8月	日本、美浜原発三号炉で配管破断事故。死者五人。
				12月	日本、六ヶ所再処理工場においてウラン試験開始。

西暦（年）	邦暦（年）	月	大間原発の動き	月	日本と世界の動き
二〇〇五	平成17	10月	原子力安全委員会、第二次ヒアリング開催（函館市民が参加）。	4月	日本、東通原発一号炉、営業運転開始。
				5月	日本、原子炉等規制法改正（放射性廃棄物のクリアランス制度導入などが成立）。
				8月	日本、宮城県沖地震で女川原発の三基が停止。
二〇〇六	平成18	5月	19日、電源開発の用地買収に応じなかった地権者の熊谷あさ子さん死去。	3月	日本、金沢地裁が志賀原発二号炉運転差止め判決（のちに高裁で逆転）。同月、六ヶ所再処理工場でアクティブ試験開始。
		9月	耐震設計審査指針を改訂。	8月	日本、原子力立国計画を決定。
		12月	「大間原発訴訟準備会」発足。		
二〇〇七	平成19			1月	日本、高知県東洋町長が独断で高レベル廃棄物処分場候補地調査に応募（のちに反対派町長が誕生し撤回）。
				3月	日本、志賀原発一号炉での臨界事故隠しを発表。日本、一九七八年の福島第一原発三号炉での臨界事故隠しを発表。日本、能登半島地震で停止中の志賀原発一・二号炉が設計基準を超える揺れを観測。
				7月	日本、新潟県中越沖地震により柏崎刈羽原発で火災。
二〇〇八	平成20	4月	安全審査終了。23日、設置許可処分、24日、第一回設計工事計画認可を申請。大間原発に反対する市民グループ、「訴訟準備会」から「大間原発訴訟の会」に名称変更。	12月	日本、中部電力が浜岡原発一・二号炉の廃炉と六号炉の増設を決定。
		5月	大間原発の工事開始。		

年	和暦	月	大間原発	月	日本・世界
二〇〇九	平成21	9月	21日、「大間原発着工抗議集会」を故・熊谷あさ子さんの敷地内で開催。		
		11月	日本活断層学会の渡辺満久東洋大学教授、大間原発近海に巨大な活断層があることを指摘。同月電源開発は大間原発の運転開始時期を二〇一二年三月から二〇一四年一一月に延期することを決定。	12月	日本、柏崎刈羽原発七号炉が営業運転を再開。
二〇一〇	平成22	7月	28日、原告団は函館地裁に工事差し止めなどの訴訟を提訴。	5月	日本、もんじゅで試運転再開。
		12月	24日、第一回大間原発建設差し止め裁判。	8月	日本、もんじゅで炉内中継装置が落下。
二〇一一	平成23	3月	地震のため大間原発建設工事は停止。	3月	日本で東日本大震災。福島第一原発一・二・三号炉メルトダウン事故。
		6月	大間原発反対現地集会と大マグロック開催。		
		12月	第二次提訴原告二〇八人、合計三七八人。	5月	日本の原発全停止。
二〇一二	平成24	9月	函館市議会、大間原発の凍結を求める決議を全会一致で可決。同月、道南の福島町議会、大間原発の凍結を求める決議、可決。	7月	日本、代々木公園で原発再稼動に反対する市民二〇万人集会。同月、大飯原発再稼働。
		12月	大間町の金澤町長、無投票三選。	9月	日本原燃六ヶ所への再処理工場完成予定延期（一九回目）。同月、枝野経産省大臣、大間原発の建設工事再開容認。原子力規制委員会発足。
二〇一三	平成25	7月	原子力規制委員会、新規制基準施行。	9月	日本、大飯原発停止で日本の原発全停止。

西暦(年)	邦暦(年)	月	大間原発の動き	月	日本と世界の動き
二〇一四	平成26	4月	函館市、東京地裁に大間原発の建設差し止め訴訟を提訴。		
		7月	函館市、大間原発の建設差し止め訴訟第一回口頭弁論。同月、市民による大間原発建設差し止め訴訟で裁判官、意見陳述を認めず、二〇分で閉廷。		
		9月	第五次提訴、原告一一六人、合計九〇二人。		
		12月	電源開発新規制基準への適合性審査申請。		

参考文献

原子力資料情報室編『プルサーマル 「暴走」するプルトニウム政策』原子力情報資料室、一九九八年

原子力資料情報室編『原子力市民年鑑2013』七つ森書館、二〇一三年

小出裕章『隠される原子力 核の真実』創史社、二〇一〇年

小出裕章『古くて、新しい、原子力発電の話』日本消費者連盟グループ、二〇〇八年

小出裕章『放射能汚染の現実を超えて』河出書房新社、二〇一一年

小出裕章・渡辺満久・明石昇二郎『「最悪」の核施設 六ヶ所再処理工場』集英社、二〇一二年

小林圭一・西尾漠『プルトニウム発電の恐怖』創史社、二〇〇六年

野村保子『原発に反対しながら研究をつづける小出裕章さんのおはなし』クレヨンハウス、二〇一二年

北方新社編『むつ小川原開発反対の論理』北方新社、一九七三年

長谷川潮『第五福竜丸物語 死の海をゆく』文研出版、一九八四年

原田正純『水俣が映す世界』日本評論社、一九八九年

松岡理『プルトニウム物語 その虚像と実像』テレメディア、一九九〇年

長く苦しい闘い――『大間原発と日本の未来』に寄せて

小出裕章

原子力発電所は機械です。壊れない機械はありません。それを動かしているのは人間です。人間は神ではなく、誤りを犯さない人間はいません。もちろん、私たちがどんなに願ったとしても原子力発電所が絶対に事故を起こさないとは言えません。そして、原子力発電所はそれが一年運転されるたびに、広島原爆がまき散らした放射性物質の優に一〇〇〇発分を超える放射性物質を生み出します。そのことに気付いた一九七〇年、私は原子力発電所が大きな事故を起こす前に廃絶させたいと思いました。当時、日本には、東海、敦賀、美浜の三つの原子力発電所しか動いていませんでした。何とか、これ以上の原子力発電所を立てさせないようにと、私は思いつく限りのことをしてきましたが、残念ながらそれ以降もたくさんの原子力発電所が日本で作られてしまいました。そして、ついに二〇一一年三月一一日には福島第一原子力発電所の事故が起きてしまいました。

日本では、一九五四年三月、当時改進党の代議士だった中曽根康弘さんが、突然国会に二億三五〇〇万円の原子炉建造予算を提出して、原子力開発が始まりました。この金額は核分裂性ウランの質量数である二三五を使って決められました。漫画のようなはなしですが、ひとたび国家が原子力開発に動いてしまうと、その周辺には利益を求める電力会社、原子力産業、ゼネコンなどの土建業、マスコミ、学者などが群がり、巨大な組織を作りました。また、当時は原子力に対してバラ色の夢が蔓延していました。たとえば、一九五四年七月二日の毎日新聞は一面すべてを使って原子力の夢を描き、以下のように伝えました。

「さて原子力を潜在電力として考えると、まったくとてつもないものである。しかも石炭などの資源が今後、地球上から次第に少なくなっていくことを思えば、このエネルギーのもつ威力は人類生存に不可欠なものといってよいだろう。〔中略〕電気料は二千分の一になる。〔中略〕原子力発電には火力発電のように大工場を必要としない、大煙突も貯炭場もいらない。また毎日石炭を運びこみ、たきがらを捨てるための鉄道もトラックもいらない。密閉式のガスタービンが利用できれば、ボイラーの水すらいらないのである。もちろん山間へき地を選ぶこともない。ビルディングの地下室が発電所ということになる」

しかし、地殻に存在している原子力の燃料であるウランは、エネルギー量に換算して、石油の数分の一、石炭に比べれば数十分の一しかないという貧弱な資源でした。事実を正しく述べるなら、「原子力の燃料は簡単に枯渇してしまうので、当面の間、人類は化石燃料に縋(すが)るしかない」というものでした。原子力発電が実現すれば、電気代は値段がつけられないほど安くなるとも言われましたが、それも幻でした。原子力発電所は火力発電所に比べてもまことに巨大なものになってしまいましたし、へき地を選んで立地され、決して都会には建てられませんでした。もちろんビルディングの地下室が原子力発電所になるなどということは、全くありませんでした。原子力にかけた夢は、ことごとく幻であり、誤りでした。

それに気付いた時点で、原子力から足を洗うべきだったと私は思います。しかし、一度形成されてしまった巨大な利権組織は、すでに止まることができなくなっていました。福島第一原子力発電所の事故が起きた今でもなお、彼らは、今止まっている原子力発電所の再稼働を目指し、新たな原子力発電所を建設し、さらには海外に輸出するとまで言っています。まことに正気の沙汰とは思えません。ただ、それには理由があります。どんな悲惨な事故を起こしても、原子力関係者は決して処罰されないのです。町工場が毒物を外に流せば、すぐに警察が踏み込んで経営者や責任者は逮捕されます。しかし、福島原子力発電所の事故では、一〇〇〇平方キロメートルもの広大な地域が失われ、一〇万人を超える人たちが故郷を追われて流浪化しました。また、東北地方、関東地方の広大な土地が放射線管理区域に指定しなければいけない以上の汚染を受け、そこに人々が棄てられたままです。それにもかかわらず、東京電力の会長・社長以下誰一人として処罰されていませんし、福島第一原子力発電所に安全性のお墨付きを与えた学者も当時の総理大臣・通産大臣も処罰されていません。国家とその周辺に集まった利権集団は権力そのものと言っていい組織となっており、権力犯罪はより巨大な権力によってしか処罰されません。かつての戦争の時もそうでした。その戦争が決して勝てないものであることは、軍部の中でさえも知っていた人がいましたが、決して口に出せませんでしたし、誰も戦争を止められないまま敗戦まで突き進みました。今日の原子力もその通りの状態になっています。

これまで日本では、一七カ所に合計で五八基の原子力発電所が作られました。立地を狙われた地域は、いずれも経済的に困窮した地域で、国と巨大産業が一体となった力で、地域全体が押し潰されてきました。今、大間で進行している事態も一緒です。しかし、一方では一度は立地を狙われたものの二八カ所の地点で、建設を阻止してきました。ただ、それも圧勝したわけではありません。傷つきながらもかろうじて立地を阻止した地域がほとんどで、中には本当の偶然ということすらありました。大間での闘いも本書に記された通り長く厳しいものでした。「自然を大事にして、この海を守っていけば、将来どんなことがあっても生活できるべ。大金なんかいらない」と言って土地を売らず、一人抵抗を続けた熊谷あさ子さんも病で倒れました。私は彼女と一度しかお会いしたことがありませんでしたが、素朴な外見と揺るがぬ信念が印象的でした。今は、娘さんの小笠原厚子さんが闘いを引き継ぎ、あさ子さんが売らなかった土地を守り続けてくれています。しかし、大間原発の敷地の中にポツンと取り残されたその土地まで、これまではフェンスで取り囲まれた長い道がつながっていましたが、今やその道すらを閉鎖するとの攻撃もかけられています。今後も長く苦しい闘いが続くでしょう。そして、国に対する人々の闘いは、記しておかなければ、歴史から消されてしまいます。権力犯罪を虐げられた庶民の力で裁ける日は遠そうです。しかし、滔々（とうとう）と流れる歴史を継承するために、本書のような本こそ、貴重なのだと私は思います。

（こいで・ひろあき、京都大学原子炉実験所助教）

あとがき

二〇年近く大間町に通っていても住む人の顔が見えなかった。大間原発に反対しているのに、大間町に住む人がわからない。生活している大間の人を知るために、一人で大間町に向かったのは二〇一一年の一〇月、「超マグロ祭り」の最中だった。台風のさなか、お祭りに湧く大間町は別の顔を見せた。築港の前の倉庫がマグロ解体会場になり、その日三本目のマグロを捌くところに間に合った。鋸のような包丁で奮闘のすえ、切り身になったマグロはやはり美味しかった。

祭りの賑わいのなかでこれまでにない町の人の笑顔があった。一人の観光客として訪ね、祭りで知った若者は屈託なく笑い、飲み、賑やかに騒ぐ。そして夜も更けて町の未来を語る若者たちは真剣だった。この町で生きていくため、町が元気になるようにと町の将来の姿を模索する。しかし一歩踏み込み大間原発に話が移ると言葉が止まる。同席した人はみな異口同音に、町では原発のことを話さないという。狭い町で平和を保つために原発はタブーなのだ。反対派と推進派が激しくぶつかった頃と変わらず、原発に狙われた町の息苦しさはいまも続いているようだ。

原発のことを率直に話さないのは函館も同じである。立場が明確に分かれることについて発言を控えるのが、小さなムラ社会の暗黙のルール。対話よりも調和が求められるのだ。諍いを避けることが「ムラ」を存続させるために必要と教え込まれてきた日本人。しかしそれは強者のルールであり、個人を殺し集団を生かす掟と変わらない。掟に縛られ一歩も前に進めなくなったことを自覚しなければ前に進めない。

二〇一三年一二月、参議院特別委員会で特定秘密保護法案が可決した。特定秘密保護法の成立によって国家機密の幅は広がり、反原発も憲法も人権も人生のすべてをかけて闘わなくてはならなくなる。しかし、それは初めて日本人が民主主義を自分で手にするチャンスかもしれない。自由も権利も闘うことでしか得られないことはマイノリティとして生きてきた人ならだれでも納得できる。自分のまちに、そして対岸のまちに世界で初めてのフルＭＯＸ原発が建とうとしていることが、自分の問題とならなければ原発は止まらない。

なぜ大間原発が建てられようとしたのか、これまでなぜ建たないでいられたのかを考える。そこには多くの人の〝一人の闘い〟があり、歴史があった。土地を守り続けて闘い抜いた熊谷あさ子さん。その遺志を受け継ぎいまも闘い続けている小笠原厚子さん。現地で長い闘いを続ける佐藤亮一さん、奥本征雄さん。函館でも多くの人の長い歴史があった。闘いは外に向かうだけではない。心のなかで一人悩み、迷い、逡巡し続ける闘い方もある。一人ひとりがそれぞれの闘い方を身につけ自分の言葉で、音楽で、絵画で表現し伝えていく道もある。

秋から冬にかけて津軽海峡をわたる渡り鳥は国境を越え海原を越え、旅をする。二万キロメートルの距離を飛ぶ旅鳥もいる。小さな身体で海を渡る鳥たちは仲間と寄り添いながら厳しい季節を乗り越える。一人ひとりが自分の意志を持ち、仲間と歩き続けることができれば、巨大な利益団体に抗することができる。

これからも大間原発が止まる日のために長く険しい道を歩きたい。いつかこの続編『こうして大間原発は止まった』を書くために。

✣

最後になりましたが、この本を書く機会をいただいた寿郎社の土肥寿郎さんに感謝いたします。北海道新聞に書かせていただいた『原発を拒み続けた和歌山の記録』(寿郎社)の書評を読んだ土肥さんが函館に訪ねて来られ、この本が出版に向けて動き出しました。途中、函館市が地方自治体初の原発建設差し止め裁判を起こし大間原発を取り巻く状況に大きな変化があり、幾度も書き直すことになりましたが、その原稿の遅れにも辛抱強く付き合ってくださいました。日本の原子力政策の矛盾を地方から声をあげ変えていきたいという秘かな願いをもつ私にとって、地方から発信する個性的な出版社から「大間原発の本」を出すことができたのは望外の喜びです。

大間原発に反対する市民グループ〈ストップ大間原発道南の会〉や無農薬野菜の共同購入グループのときから一緒に歩いてきた竹田とし子さんにも感謝いたします。竹田さんの揺るぎない姿に改めて敬意を払いつつ私も同じ道をめざします。

「この地球ではいつもどこかで朝がはじまっている　ぼくらは朝をリレーする」(谷川俊太郎「朝のリレー」)。地球の美しい「朝」をリレーするために、未来の世代に美しい「自然」をリレーするために、大間から函館から声をあげ続けること。その想いを本書という形でこの世に出すことができたのは、京都大学原子炉実験所助教・小出裕章さんとの出会いがあったからこそです。小出さんから『隠される原子力　核の真実』(創史社)の編集と、子どものための反原子力の本『原発に反対しながら研究をつづける小出裕章さんのおはなし』(クレヨンハウス)を書くチャンスをいただいたことで、地元大間原発のことを書き残したいという思いが自分のなかに湧いてきました。本書刊行にあたっては、お忙しいなか原稿のチェックと跋文を書いてくださいました。心から感謝いたします。

小出さんの決して権威に寄りかからない姿勢、そして権力に対峙する市民に寄り添うその姿勢にいつも励まされています。その静かな闘志を受け継ぎたいと願いつつ筆を置きます。

野村保子

二〇一五年二月

よ

ら

り

れ

ろ

わ

アルファベット

へ

ほ

ま

み

む

め

も

や

ゆ

ち

つ

て

と

な

す

せ

そ

た

こ

さ

し

索引

あ

い

う

え

お

野村保子……のむら・やすこ

北海道函館市生まれ。

フリーライター。

一九八〇年代から無農薬野菜の共同購入グループに参加。

一九九四年から反原発運動にかかわる。

著書に『原発に反対しながら研究をつづける小出裕章さんのおはなし』(クレヨンハウス)がある。

現在、函館市在住。

大間原発と日本の未来

発行……2015年3月18日　初版第1刷

著者……野村保子
発行者……土肥寿郎
発行所……有限会社 寿郎社
〒060－0807 札幌市北区北7条西2丁目 37山京ビル
電話：011-708-8565　FAX：011-708-8566
郵便振替：02730-3-10602
e-mail　doi@jurousha.com
URL　http://www.jurousha.com
ブックデザイン……鈴木一誌＋山川昌悟
印刷・製本……藤田印刷株式会社

落丁・乱丁はお取り替えいたします
ISBN978-4-902269-76-5　C0036